수능대비

고난도 수학 문제집

a knotty problem

수능대비

고난도 수학 문제집

a knotty problem

이병배 지음

전파과학사

수능대비

고난도 수학 문제집

a knotty problem

지은이 이병배

인쇄 1996년 4월 25일
발행 1996년 5월 5일

펴낸이 손영일
펴낸곳 전파과학사
등록 1956. 7. 23 제10-89호
서울·서대문구 연희 2동 92-18
전화 333-8877·8855
팩시밀리 334-8092

공급처 한국출판협동조합
서울·마포구 신수동 448-6
전화 716-5616~9
팩시밀리 716-2995

ISBN 89-7044-013-5 03410

머리말

자연의 기초는 과학이며
과학의 기초는 수학이다.

필자가 독자에게 하고 싶은 말은 다음 3가지입니다.

첫째, 수학을 연구하고자 한다면 우선 기하학을 공부하십시오.
둘째, 그 다음, 수학의 핵심인 정수론을 공부하여 수학의 근본인 수를 이해하십시오.
셋째, 위대한 수학자가 되십시오.

$$\frac{\text{이병배}}{4508^2-788^2}$$

차례

제 1 장

수학의 흥미

수학의 고찰

❖ 유클리드에게서 기하학을 배우는 어떤 청년이 어느날 유클리드에게 "기하학을 배우면 도대체 어떤 이득이 있습니까?"라고 물어왔다. 이 물음에 유클리드는 하인을 불러서 "저 청년에게 돈이나 갖다 주어라"라고 하였다 한다.

❖ 수학은 순수학문으로 현실의 이득보다는 학문적인 가치를 우선으로 여기는 학문이다.

현대수학

❖ 현대수학은 논리학, 대수학, 기하학, 해석학, 통계학, 집합론, 정수론, 함수론, 군론 등으로 크게 나눌 수 있으나, 이들 사이의 관계가 매우 복잡하여 분류에 다소 어려움이 있다.

❖ 현대수학은 일반적으로 고전수학을 초월하는 경향이 강하지만, 사실상 그 근본적인 사고방식은 고전수학을 그대로 이어받고 있다. 이 때문에 현대수학은 자연스럽게 고전수학의 기초를 확고히 하고 계통화하게 됨으로써 컴퓨터와 함께 비약적인 발전을 도모하게 되었다.

1

명제 「$a \div b = c$이면 $c \times b = a$」를 이용하여
$0 \div 3$, $3 \div 0$, $0 \div 0$의 값을 구하시오. (단, 명제는 역도 성립)

힌트 $a \div b = c \Leftrightarrow c \times b = a$를 이용하여 푼다.

풀이

① $0 \div 3 = \square \Rightarrow \square \times 3 = 0$

이 곱셈의 답이 0이 되기 위해서는 □ 안의 수가 0이 되어야 한다.

$\therefore 0 \div 3 = 0$

② $3 \div 0 = \square \Rightarrow \square \times 0 = 3$

0에 어떤 수를 곱하여도 답은 0이 된다. 그런데 이 경우는 잘못이다.

즉 어떤 수를 0으로는 나눌 수 없다.

$\therefore 3 \div 0$은 해가 없다.

③ $0 \div 0 = \square \Rightarrow \square \times 0 = 0$

여기서 □안의 수는 어떤 수라도 된다.

즉 0에 어떤 수를 곱하여도 그 곱은 항상 0이기 때문이다.

$\therefore 0 \div 0$의 해는 무한히 많다.

참고

① 명제란 참, 거짓을 논할 수 있는 문장이나 수식을 뜻한다.

② 명제는 크게 단순명제와 합성명제로 나누며, 합성명제는 단순명제의 조합으로 생성된다.

2

1년은 365일이다.

이 365에 관련된 수식을 찾아보시오.

풀이

① $365 = 13^2 + 14^2$

② $365 = 10^2 + 11^2 + 12^2$

③ $365 = (6^2 + 8^2 + 11^2 + 13^2) - 5^2$

④ $365 = 73 \times 5 = (8 \times 9 + 1)(2 + 3) = (2^3 \cdot 3^2 + 1)(2 + 3)$

$= 2^4 \cdot 3^2 + 2^3 \cdot 3^3 + 5$

$= 12^2 + 6^3 + 5$

참고 실제로 1년은 365일이 아니라 365일 5시간 48분 46초이다.

3

3차 마법진을 구하시오.

풀이 마법진이란 가로·세로·대각선의 합이 모두 같은 수의 배열을 뜻한다. 문제에서는 3차 마법진만을 논하므로 3×3인 정사각형에 한하여 풀면 된다.

먼저 3×3인 정사각형에 다음과 같이 변수를 넣는다.

a	b	①
c	d	②
⑤	④	③

가로·세로·대각선의 항을 α라고 놓으면

$$\begin{cases} ① = \alpha - a - b \\ ② = \alpha - c - d \\ ③ = \alpha - a - d \\ ④ = \alpha - b - d \\ ⑤ = \alpha - a - c \end{cases}$$

또한 ① + d + ⑤와 ① + ② + ③ 모두 α이어야 하므로

$$\begin{cases} ① + d + ⑤ = 2\alpha - 2a - b - c + d = \alpha \cdots\cdots ①' \\ ① + ② + ③ = 3\alpha - 2a - 2d - b - c = \alpha \cdots\cdots ②' \end{cases}$$

①′ −②′을 하면

$\therefore\ \alpha = 3d \cdots\cdots ③'$

$\alpha = 3d$를 ①, ②, ③, ④, ⑤식에 대입한 후

3×3인 정사각형을 다시 구성하면

a	b	3d−a−b
c	d	2d−c
3d−a−c	2d−b	2d−a

이 때 ①′에 의해

$2\alpha - 2a - b - c + d = \alpha$

$\Leftrightarrow \alpha - 2a - b - c + d = 0$

$\Leftrightarrow 3d - 2a - b - c + d = 0$

$\Leftrightarrow 4d = 2a + b + c \cdots\cdots$ ④′

이제 숫자 1∼9까지를 이용하여 마법진을 구해 보자.

1∼9 중에 ③′, ④′식을 만족하는 수를 찾는다.

앞서 가로, 세로, 대각선의 합을 α라고 놓았으므로 α를 구할 수 있다.

$$\alpha = \frac{1+2+3+\cdots+9}{3} = \frac{45}{3} = 15$$

$\alpha = 15$이므로 ③′식에 의해 $d = 5$이다. 이 값을 ④′식에 대입하면

$4d = 2a + b + c$에서 $20 = 2a + b + c$

이 식을 만족하는 a, b, c를 찾아보면

$a = 8, b = 1, c = 3$

따라서 마법진은

8	1	6
3	5	7
4	9	2

참고 4차 마법진

1	15	14	4
12	6	7	9
8	10	11	5
13	3	2	16

가로, 세로, 대각선의 합은 각각 34이다.

4

집합 A와 B의 원소가 각각 5개가 되도록 배열하시오.
(단, 교집합이 존재한다.)

풀이

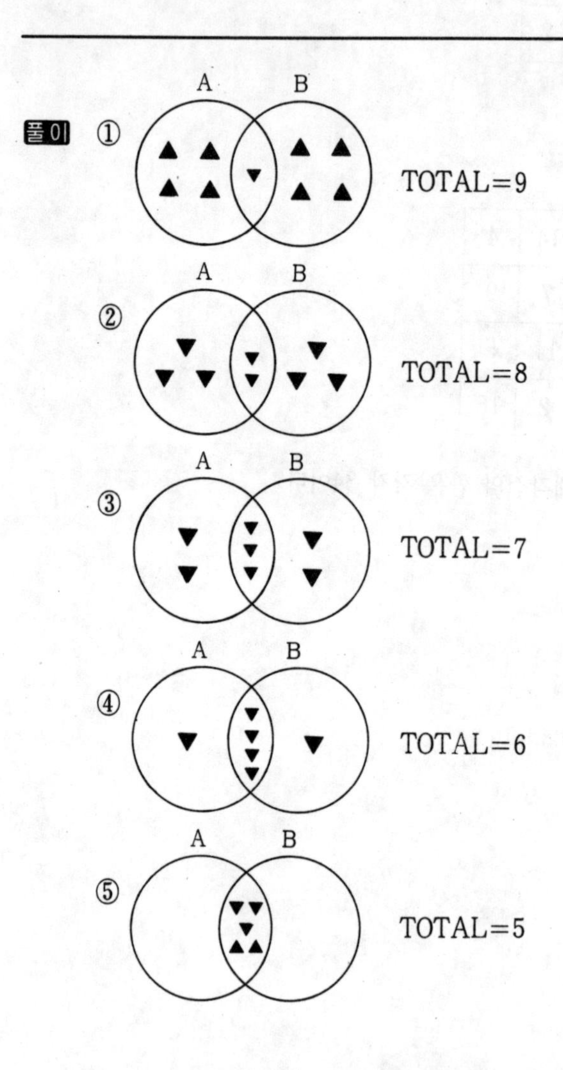

5

수의 피라미드를 만들어 보시오.

풀이 ①

$$1^2=1$$
$$11^2=121$$
$$111^2=12321$$
$$1111^2=1234321$$
$$11111^2=123454321$$
$$111111^2=12345654321$$

②

$$11=2+9\times1$$
$$111=3+9\times12$$
$$1111=4+9\times123$$
$$11111=5+9\times1234$$
$$111111=6+9\times12345$$
$$1111111=7+9\times123456$$
$$11111111=8+9\times1234567$$
$$111111111=9+9\times12345678$$
$$1111111111=10+9\times123456789$$

③
$$88=7+9\times 9$$
$$888=6+9\times 98$$
$$8888=5+9\times 987$$
$$88888=4+9\times 9876$$
$$888888=3+9\times 98765$$
$$8888888=2+9\times 987654$$
$$88888888=1+9\times 9876543$$
$$888888888=0+9\times 98765432$$

④
$$9=1+8\times 1$$
$$98=2+8\times 12$$
$$987=3+8\times 123$$
$$9876=4+8\times 1234$$
$$98765=5+8\times 12345$$
$$987654=6+8\times 123456$$
$$9876543=7+8\times 1234567$$
$$98765432=8+8\times 12345678$$
$$987654321=9+8\times 123456789$$

⑤ $12345679\times 9\times 1=111111111$

$12345679\times 9\times 2=222222222$

⋮

$12345679\times 9\times 9=999999999$

⑥ $123456789\times 99999999=111111111^2$

$=12345678987654321$

6

낙타 30마리를 $\frac{1}{2}$, $\frac{1}{5}$, $\frac{1}{15}$로 나누면

각각 몇 마리씩 나누어지는가?

풀이

$$\left.\begin{aligned} 30\times\frac{1}{2}&=15 \\ 30\times\frac{1}{5}&=6 \\ 30\times\frac{1}{15}&=2 \end{aligned}\right\}\ \text{TOTAL}=23$$

따라서 30을 $\frac{1}{2}$, $\frac{1}{5}$, $\frac{1}{15}$로 나누면 각각 15, 6, 2가 되고 낙타 7마리가 남는다.

$\therefore$ 15, 6, 2

7

낙타 23마리를 $\frac{1}{2}$, $\frac{1}{5}$, $\frac{1}{15}$로 나누면

각각 몇 마리씩 나누어지는가?

풀이 23은 솟수이므로 $\frac{1}{2}$, $\frac{1}{5}$, $\frac{1}{15}$로 곧바로 나누어지지 않는다. 이럴 때는 (분모의 최소공배수−23)만큼 수를 더한 다음 나누면 된다. 2, 5, 15의 최소공배수는 30이므로, 낙타 23마리에 (30−23)만큼, 즉 7만큼 더한 다음 $\frac{1}{2}$, $\frac{1}{5}$, $\frac{1}{15}$로 각각 나누면 15, 6, 2가 되고, 나머지는 자동적으로 7이 된다.

$\therefore$ 15, 6, 2

8

낙타 12마리를 $\frac{1}{6}$, $\frac{1}{3}$, $\frac{1}{2}$ 또는 $\frac{1}{6}$, $\frac{1}{3}$, $\frac{1}{4}$ 또는 $\frac{1}{2}$, $\frac{1}{3}$, $\frac{1}{4}$의 3가지 경우로 각각 나누어 보시오.

풀이 ① 낙타 12마리를 $\frac{1}{6}$, $\frac{1}{3}$, $\frac{1}{2}$로 나누면 각각 2, 4, 6이 되고, 나머지는 0이다.

② 낙타 12마리를 $\frac{1}{6}$, $\frac{1}{3}$, $\frac{1}{4}$로 나누면 각각 2, 4, 3이 되고, 나머지는 3이다.

③ 낙타 12마리를 $\frac{1}{2}$, $\frac{1}{3}$, $\frac{1}{4}$로 나누면 각각 6, 4, 3이 되고, 나머지는 -1이다.

참고 낙타 17마리를 가지고 있던 상인이 유언으로 세 아들에게 "낙타 17마리 중 첫째는 $\frac{1}{2}$, 둘째는 $\frac{1}{3}$, 셋째는 $\frac{1}{9}$을 나누어 가져라"고 하였다. 그 상인이 죽은 후 삼형제가 각각 $\frac{1}{2}$, $\frac{1}{3}$, $\frac{1}{9}$씩 나누려 하였으나, 아무리 해도 안 되었다. 이때 마침 낙타 한 마리를 몰고 지나가던 노인이 이 이야기를 듣고 "내가 공평하게 나누어주지"라고 하고는 자기가 몰고 온 낙타를 합하여 18마리로 만든 다음, 각각의 형제에게 9, 6, 2마리씩 나누어 준 다음, 남은 자기 낙타를 가지고 유유히 사라졌다고 한다.

9

선분 $\overline{AB}$에 대하여 $\overline{AC}:\overline{CB}=\overline{CB}:\overline{AB}$가 성립될 때 $\overline{AC}:\overline{CB}$의 비를 구하시오.

풀이 $\overline{AC}$를 1이라 놓으면

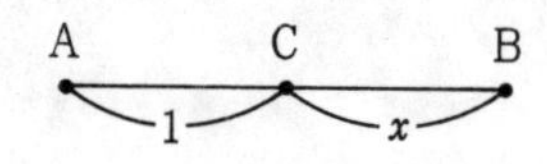

$$\overline{AC}:\overline{CB}=\overline{CB}:\overline{AB}$$
$$\Leftrightarrow 1:x=x:1+x$$
$$\Leftrightarrow x^2=1+x$$
$$\Leftrightarrow x^2-x-1=0$$
$$\Leftrightarrow x=\frac{1\pm\sqrt{1+4}}{2}\ (x>0)$$
$$\Leftrightarrow x=\frac{1+\sqrt{5}}{2}$$
$$\therefore \overline{AC}:\overline{CB}=1:\frac{1+\sqrt{5}}{2}\fallingdotseq 1:1.618$$

참고 1 : 1.618의 비를 「황금비」라 하며, 황금비를 사용한 분할을 「황금분할」이라 한다.

10

$\sqrt[3]{-8}+\sqrt{(-4)^2}$을 계산하시오.

풀이 $\sqrt[3]{-8}=\sqrt[3]{(-2)^3}=-2$

$\sqrt{(-4)^2}=\sqrt{16}=\sqrt{4^2}=4$

두 식을 더하면 $-2+4=2$

$\therefore\ 2$

참고 $\sqrt[a]{(-b)^a}$에서 a가 홀수이면 $\sqrt[a]{(-b)^a}=-b$가 되고,

a가 짝수이면 $\sqrt[a]{(-b)^a}=b$가 된다.

11

두 식 A, B의 최대공약수를 G, 최소공배수를 L이라 할 때, AB=GL임을 증명하시오.

풀이 $G\overline{)A\ B}$ (a b)에서 $A=Ga$, $B=Gb$, $L=Gab$이다.

따라서 $AB=G^2ab=G\cdot Gab=GL$

$\therefore AB=GL$

참고 $A=Ga$, $B=Gb$에서

$$\begin{cases} A+B=G(a+b) \\ A-B=G(a-b) \end{cases}$$

이 두 식을 이용하여 소인수분해가 잘 안 되는 경우에 최대공약수 G를 구할 수 있다.

예 1081과 799의 최대공약수는?

$1081+799=G(a+b)$	$1081-799=G(a-b)$
$\Leftrightarrow 1880=G(a+b)$	$\Leftrightarrow 282=G(a-b)$
$\Leftrightarrow 2^3\times5\times47=G(a+b)$	$\Leftrightarrow 2\times141=G(a-b)$
	$\Leftrightarrow 2\times3\times47=G(a-b)$

1081, 799를 2 또는 3, 5로 나누어 보면 나머지가 0이 아니다.

즉 2, 3, 5는 G의 약수가 될 수 없다.

따라서 47이 최대공약수이다.

12

특수상대성 이론에 의해

$$E=\frac{m_0c^2}{\sqrt{1-\left(\frac{v}{c}\right)^2}}$$

(단, m_0 : 정지질량, c : 광속, v : 질량 m의 운동속도)

이때, 속도 v가 c에 비하여 대단히 작을 때,

$E=m_0c^2+\frac{1}{2}m_0v^2$임을 증명하시오.

풀이 $\lim_{x\to 0}(1+x)^n=1+nx$를 이용하면,

$$\begin{aligned}E&=m_0c^2\left(1-\frac{v^2}{c^2}\right)^{-\frac{1}{2}}\\&=m_0c^2\left(1+\frac{1}{2}\cdot\frac{v^2}{c^2}\right)\\&=m_0c^2+\frac{1}{2}m_0v^2\end{aligned}$$

13

$\frac{ma}{ab}=\frac{maa}{aab}=\frac{maaa}{aaab}=\cdots$을 만족하는 분수를 찾으시오.

(단, $a \neq b$, $1<a<9$, $1<b<9$, $1<m<9$)

풀이 $\frac{ma}{ab}=\frac{maa}{aab}$를 풀면 된다.

$$\Leftrightarrow \frac{10m+a}{10a+b}=\frac{100m+10a+a}{100a+10a+b}$$

$$\Leftrightarrow (10m+a)(100a+10a+b)=(10a+b)(100m+10a+a)$$

$$\Leftrightarrow 1000am+100am+10bm+100a^2+10a^2+ab$$

$$=1000am+100a^2+10a^2+100bm+10ab+ab$$

$$\Leftrightarrow 100am+10bm=100bm+10ab$$

$$\Leftrightarrow 10am+bm=10bm+ab$$

$$\Leftrightarrow m(10a-9b)=ab$$

$$\Leftrightarrow m=\frac{ab}{10a-9b}$$

여기서 자연수 a, b, m을 찾아야 하므로 $a=1$, $a=2$, $\cdots$, $a=9$를 대입한 후, 각각에 대하여 $b=1$, $b=2$, $\cdots$, $b=9$를 대입하여 자연수 m을 찾아낸다.

예를 들면 $a=6$일 때,

$$a=6,\ m=\frac{6b}{60-9b}$$

$b=1 \rightarrow m \neq$ 자연수

$b=2 \rightarrow m \neq$ 자연수

$b=3 \rightarrow m \neq$ 자연수

$b=4 \rightarrow m=1$

$b=5 \rightarrow m=2$

$b=6 \rightarrow m \neq 6$ (a≠b이므로 제외)

$b=7 \rightarrow m \neq$ 자연수

$b=8 \rightarrow m \neq$ 자연수

$b=9 \rightarrow m \neq$ 자연수

위에서 자연수 a, b, m을 만족하는 경우는

($a=6, b=4, m=1$) 또는 ($a=6$, $b=5$, $m=2$)이다.

따라서 $a=6$인 경우는 다음과 같다.

$$\frac{1}{4}=\frac{16}{64}=\frac{166}{664}=\frac{1666}{6664}=\cdots$$

$$\frac{2}{5}=\frac{26}{65}=\frac{266}{665}=\frac{2666}{6665}=\cdots$$

그 외 a에 관하여 위 방법을 사용하면 다음 2가지를 더 찾을 수 있다.

$$\frac{1}{5}=\frac{19}{95}=\frac{199}{995}=\frac{1999}{9995}=\cdots$$

$$\frac{4}{8}=\frac{49}{98}=\frac{499}{998}=\frac{4999}{9998}=\cdots$$

14

$\frac{a}{b}=\frac{c}{d}=\frac{e}{f}=K$이면

$\frac{a+c+e}{b+d+f}=k$이고, $\frac{pa+qc+re}{pb+qd+rf}=k$임을 증명하시오.

(단, $b+d+f \neq 0$, $pb+qd+rf \neq 0$)

풀이 $\frac{a}{b}=\frac{c}{d}=\frac{e}{f}=k$에서 $a=bk$, $c=dk$, $e=fk$

① $\frac{a+c+e}{b+d+f}=\frac{bk+dk+fk}{b+d+f}=\frac{k(b+d+f)}{b+d+f}=k$

② $\frac{pa+qc+re}{pb+qd+rf}=\frac{pbk+qdk+rfk}{pb+qd+rf}=\frac{k(pb+qd+rf)}{pb+qd+rf}=k$

$\therefore \frac{a}{b}=\frac{c}{d}=\frac{e}{f}=\frac{a+c+e}{b+d+f}=\frac{pa+qc+re}{pb+qd+rf}$ (단, 분모는 0이 아님)

15

양의 실수 x와 y가 1에 비해 매우 작을 때,

$\dfrac{1}{(1+x)(1+y)}$을 간단히 하시오.

풀이 $$\frac{1}{(1+x)(1+y)}=\frac{1}{1+x+y+xy}$$

여기서 x, y도 매우 작지만, x와 y의 곱은 훨씬 더 작으므로 0으로 놓을 수 있다. $xy=0$이라 놓으면

$$\frac{1}{1+x+y}=\frac{1-(x+y)}{(1+x+y)(1-(x+y))}=\frac{1-(x+y)}{1-x^2-y^2-2xy}$$

여기서 xy와 마찬가지로 x^2, y^2도 0으로 놓을 수 있다. 그러면 분모는 1이 된다.

$\therefore\ 1-(x+y)$

예 $x=\dfrac{1}{10^3}$, $y=\dfrac{1}{10^5}$일 때, $xy=\dfrac{1}{10^8}$, $x^2=\dfrac{1}{10^6}$, $y^2=\dfrac{1}{10^{10}}$이다.

이는 x, y에 비해 매우 작으므로 무시해도 된다.

따라서 $\dfrac{1}{(1+10^{-3})(1+10^{-5})}\fallingdotseq 1-(10^{-3}+10^{-5})$

16

α, β가 복소수일 때,
명제 「$\alpha^2+\beta^2=0$이면, $\alpha=\beta=0$」이 성립하지 않는 이유를 증명하시오.

풀이 α, β는 복소수이므로

$\alpha=a+bi$, $\beta=c+di$라 놓으면

$$\alpha^2+\beta^2=0$$
$$\Leftrightarrow (a+bi)^2+(c+di)^2=0$$
$$\Leftrightarrow a^2+2abi-b^2+c^2+2cdi-d^2=0$$
$$\Leftrightarrow a^2-b^2+c^2-d^2=0 \text{ AND } 2abi+2cdi=0$$
$$\Leftrightarrow a^2-b^2+c^2-d^2=0 \text{ AND } ab+cd=0 \cdots\cdots ①$$

①을 만족하는 임의의 a, b, c, d를 찾아보자.

$a=1$, $b=1$, $c=1$, $d=-1$이면 ①식은 만족된다.

따라서 $\alpha=1+i$, $\beta=1-i$이다.

이 두 α, β는 $\alpha^2+\beta^2=0$이지만, 결코 $\alpha=0$, $\beta=0$은 아니다.

17

$(1+\sqrt{3})x+(2-\sqrt{3})y+\sqrt{3}-5=0$을 만족하는 유리수 x, y를 구하시오.

풀이 $(1+\sqrt{3})x+(2-\sqrt{3})y+\sqrt{3}-5=0$

$\Leftrightarrow x+2y-5+\sqrt{3}x-\sqrt{3}y+\sqrt{3}=0$

$\Leftrightarrow x+2y-5+\sqrt{3}(x-y+1)=0$

$\Leftrightarrow x+2y-5=0$ AND $\sqrt{3}(x-y+1)=0$

$\Leftrightarrow x+2y-5=0$ AND $x-y+1=0$

⇔두 식을 연립해서 풀면 $x=1$, $y=2$가 된다.

참고 「a, b가 유리수이고, $\sqrt{m}$ 이 무리수일 때,

$a+b\sqrt{m}=0$이면 $a=0$, $b=0$이다.」

18

$\sqrt{2}$가 무리수임을 증명하시오.

풀이 $1<\sqrt{2}\fallingdotseq 1.414\cdots<2$이므로 $\sqrt{2}$는 정수가 아니다.

왜냐하면 정수 1, 2 사이에는 정수가 없기 때문이다.

따라서 $\sqrt{2}$는 정수가 아니므로 $\frac{n}{m}$로 나타낼 수 있고, 동시에 분모는 1이 아니다. 이때 $\frac{n}{m}$을 제곱해도 분모는 1이 아니다.

(단 m, n은 정수)

$$(\sqrt{2})^2=2$$

$$\Leftrightarrow(\sqrt{2^2})=\frac{2}{1}$$

우변의 분모가 1이므로 위에서 '분모가 1이 아니다'에 위배된다. 따라서 $\sqrt{2}$는 유리수가 아니다. 즉 무리수이다.

참고 실수
- 무리수
- 유리수
  - 분모가 1이 아닌 유리수
  - 분모가 1인 유리수(정수)
    - 음의 정수
    - 0
    - 양의 정수(자연수)

19

$\sqrt{2}$가 무리수임을 증명하시오.

풀이 $\sqrt{2}$가 유리수라면 $\frac{b}{a}$로 표시할 수 있다.

이때 $\frac{b}{a}$는 더 이상 약분할 수 없다고 가정하자. (단 $a \neq 1$, ab는 자연수)

$$\frac{b}{a}=\sqrt{2}$$

$$\Leftrightarrow \frac{b^2}{a^2}=2$$

$$\Leftrightarrow b^2=2a^2$$

여기서 우변이 짝수이므로 좌변 또한 짝수이다. 즉 b는 짝수이다.

$b=2c$라 놓으면

$$\Leftrightarrow 4c^2=2a^2$$

$$\Leftrightarrow 2c^2=a^2$$

여기서 좌변이 짝수이므로 우변도 짝수이어야 한다.

따라서 a도 짝수이다.

이상으로 a, b 모두 짝수임을 알 수 있다. 하지만 위의 가정에서 $\frac{b}{a}$는 더 이상 약분할 수 없다고 했으므로 이 결과는 모순이다.

따라서 $\sqrt{2}$는 유리수가 아니다.

20

$\sqrt{2}$가 무리수임을 증명하시오.

풀이 $\sqrt{2}$가 유리수이면 $\frac{\text{자연수}}{\text{자연수}}$로 나타낼 수 있다.

$$\sqrt{2}=\frac{N}{M} \text{ (단 M, N은 자연수)}$$

$\Leftrightarrow 2M^2=N^2$

이때 자연수는 짝수와 홀수의 곱으로 나타낼 수 있으므로

$$M=2^{\alpha}\cdot A,\ N=2^{\beta}\cdot B$$

(단 α, β는 자연수, A, B는 홀수, N>M)

$\Leftrightarrow 2(2^{\alpha}\cdot A)^2=(2^{\beta}\cdot B)^2$

$\Leftrightarrow 2^{2\alpha+1}\cdot A^2=2^{2\beta}\cdot B^2$

$\Leftrightarrow A^2=2^{2\beta-2\alpha-1}\cdot B^2$……①

이때 좌변은 홀수이나 우변은 짝수이므로 좌변≠우변

따라서 $\sqrt{2}$는 $\frac{N}{M}$으로 나타낼 수 없다.

$\therefore$ $\sqrt{2}$는 $\frac{\text{자연수}}{\text{자연수}}$로 나타낼 수 없으므로 무리수이다.

참고 ①에서 $2\beta-2\alpha-1\neq0$이다. 왜냐하면

$2\beta-2\alpha-1=0$

$\Leftrightarrow 2(\beta-\alpha)-1=0$

$\Leftrightarrow$ 홀수$=0$, 이것은 모순이다.

21

n이 자연수일 때,

$\sqrt{n}$을 자와 컴퍼스만으로 작도할 수 있음을 증명하시오.

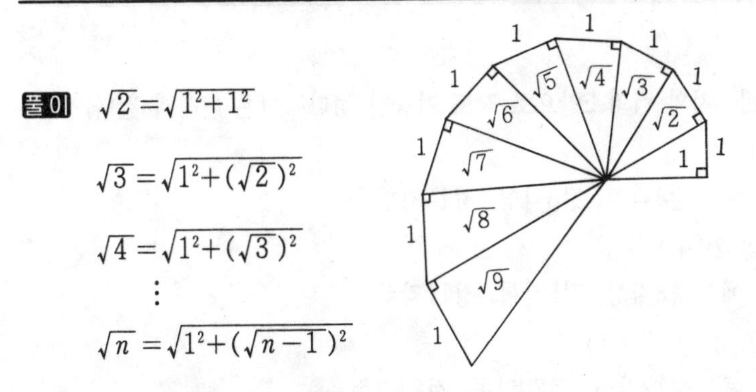

풀이 $\sqrt{2}=\sqrt{1^2+1^2}$

$\sqrt{3}=\sqrt{1^2+(\sqrt{2})^2}$

$\sqrt{4}=\sqrt{1^2+(\sqrt{3})^2}$

$\vdots$

$\sqrt{n}=\sqrt{1^2+(\sqrt{n-1})^2}$

오른쪽 그림처럼 자와 컴퍼스만으로 $\sqrt{n}$(n은 자연수)을 작도할 수 있다.

참고 직각의 작도

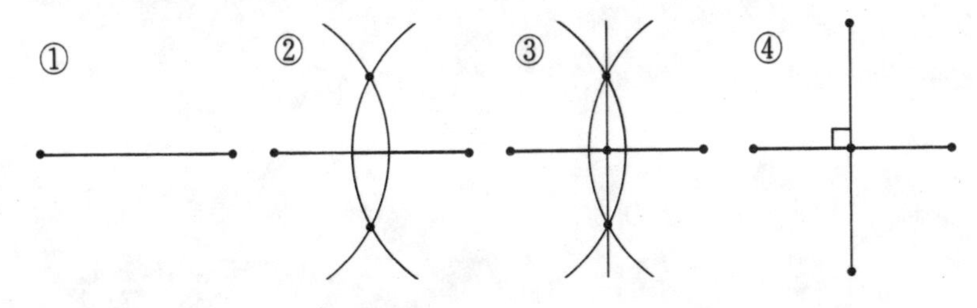

① 직선을 긋는다.

② 직선의 양끝점에서 컴퍼스로 원호를 그린다.

③ 원호에 의해 생긴 두 점을 직선으로 연결한다.

④ 작도 완료

22

정17각형은 자와 컴퍼스만으로 작도할 수 있는지 알아보시오.

풀이 자와 컴퍼스만으로 작도 가능한 정다각형은 다음과 같다.

① 2^n

예) 정4각형, 정8각형, 정16각형, …

② $2^{2^n}+1$

예) 정3각형, 정5각형, 정17각형, …

③ $2^n \cdot (2^{2^m}+1)$

예) 정12각형, 정20각형, 정24각형, …

∴ 정17각형은 ②번의 조건을 만족하므로 작도가 가능하다.

참고 $2^{2^n}+1$의 수를 「페르마의 수」라 한다.

23

$\sin 18° = \frac{\sqrt{5}-1}{4}$을 이용하여 정20각형을 자와 컴퍼스만으로 작도하시오. (단, 정20각형의 한 각은 162°)

풀이 ① $\sqrt{5}$를 그린다.

$\sqrt{5}$를 직각삼각형의 빗변이라 가정하면

$(\sqrt{5})^2 = 2^2 + 1^2$이다. 따라서

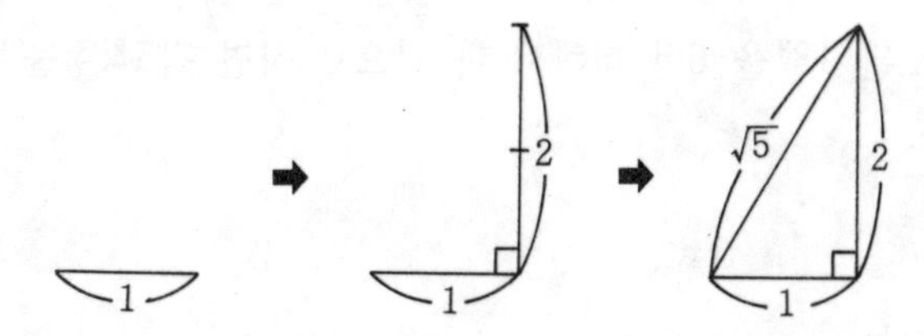

② $\sqrt{5}-1$을 그린다.

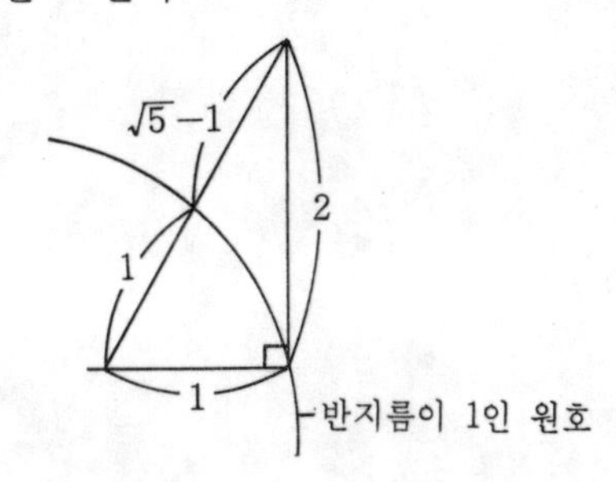

③ 18°를 찾아낸다.

$\sin 18° = \frac{\sqrt{5}-1}{4} = \frac{\text{맞변}}{\text{빗변}}$이므로 맞변 $\sqrt{5}-1$, 빗변 4이다.

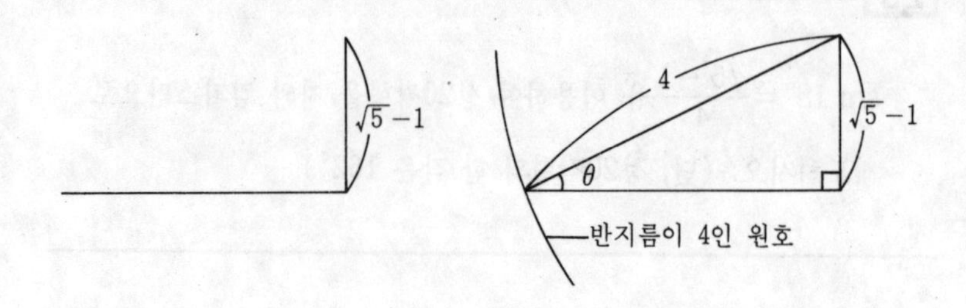

이때 θ가 $18°$이고, 정20각형의 한 각 $162°$는 $18°$의 정수배이므로 $18°$를 이용하여 정20각형을 작도할 수 있다.

참고 작도된 $18°$을 6번 더해서 한 각으로 하면 정5각형을 작도할 수 있다.

제 2 장

부등식의 증명과 수학적 귀납법

부등식의 기본 정리

❖ 부등식의 기본 정리는 대소의 정리를 뜻하는데, 대소는 실수에만 한정된다.

❖ 대소의 기본 정리 (a, b는 실수)

① $a-b>0$이면 $a>b$

② $a-b=0$이면 $a=b$

❖ 그 외의 정리

① $a, b>0$일 때, $\frac{a}{b}>1$이면 $a>b$

② $a, b>0$일 때, $\frac{a}{b}=1$이면 $a=b$

③ $a>b$이고, $b>c$이면 $a>c$

④ $a>b$이면 $a+c>b+c$

⑤ $a>b$이고, $c>0$이면 $ac>bc$ 또는 $\frac{a}{c}>\frac{b}{c}$

⑥ $a, b>0$일 때, $a>b$이면 $a^2>b^2$

수학적 귀납법

❖ 수학적 귀납법은 페아노(Peano)의 제5공리에 의한 추론방법으로 완전 귀납법이라고도 한다.

❖ 수학적 귀납법 : 자연수 n에 관한 명제 $P(n)$이 일반적으로 성립하는 것을 증명하려면 다음 두 가지를 증명하면 된다.

① $n=1$일 때, 명제 $P(n)$이 성립한다.

② 임의의 자연수 k에 대하여 $P(k)$가 성립한다고 가정하면 $P(k+1)$일 때도 성립된다.

24

$a^2 - ab + b^2 \geq 0$임을 증명하시오.

풀이 $a^2 - ab + b^2 \geq 0$

$\Leftrightarrow \left(a - \frac{b}{2}\right)^2 - \frac{b^2}{4} + b^2 \geq 0$

$\Leftrightarrow \left(a - \frac{b}{2}\right)^2 + \frac{3b^2}{4} \geq 0$

25

a, b가 양수일 때,

$\frac{b}{a}+\frac{a}{b}\geqq 2$임을 증명하시오.

풀이

$$\left.\begin{aligned}&\frac{b}{a}+\frac{a}{b}\geqq 2\\ \Leftrightarrow&\left(\frac{b}{a}+\frac{a}{b}\right)^2\geqq 4\end{aligned}\right]①$$

$$\Leftrightarrow\frac{b^2}{a^2}+\frac{a^2}{b^2}+2\geqq 4$$

$$\Leftrightarrow\frac{b^2}{a^2}+\frac{a^2}{b^2}-2\geqq 0$$

$$\Leftrightarrow\left(\frac{b}{a}-\frac{a}{b}\right)^2\geqq 0$$

$a, b>0$이므로 ①의 과정이 성립한다.

26

$a>0$, $b>0$일 때,

$\frac{a+b}{2} \geqq \sqrt{ab}$임을 증명하시오.

풀이 $\frac{a+b}{2} \geqq \sqrt{ab}$

$$\left.\begin{aligned} &\Leftrightarrow a+b \geqq 2\sqrt{ab} \\ &\Leftrightarrow (a+b)^2 \geqq 4ab \end{aligned}\right] ①$$

$\Leftrightarrow a^2+b^2+2ab \geqq 4ab$

$\Leftrightarrow a^2+b^2-2ab \geqq 0$

$\Leftrightarrow (a-b)^2 \geqq 0$

$a, b>0$이므로 ①의 과정이 성립한다.

27

$a > 0, b > 0$일 때,

$\sqrt{ab} \geqq \frac{2ab}{a+b}$임을 증명하시오.

풀이 $\sqrt{ab} \geqq \frac{2ab}{a+b} > 0$이므로

$$\Leftrightarrow ab \geqq \left(\frac{2ab}{a+b}\right)^2$$

$$\Leftrightarrow ab(a+b)^2 \geqq 4a^2b^2$$

$$\Leftrightarrow (a+b)^2 \geqq 4ab$$

$$\Leftrightarrow a^2 + b^2 + 2ab \geqq 4ab$$

$$\Leftrightarrow a^2 + b^2 - 2ab \geqq 0$$

$$\Leftrightarrow (a-b)^2 \geqq 0$$

28

$a>0, b>0$일 때,

$\dfrac{a+b}{2} \geqq \dfrac{a+\sqrt{ab}+b}{3}$임을 증명하시오.

풀이 $\dfrac{a+b}{2} \geqq \dfrac{a+\sqrt{ab}+b}{3}$

$\Leftrightarrow 3(a+b) \geqq 2(a+\sqrt{ab}+b)$

$\Leftrightarrow a+b \geqq 2\sqrt{ab}$

$\Leftrightarrow a-2\sqrt{ab}+b \geqq 0$

$\Leftrightarrow (\sqrt{a}-\sqrt{b})^2 \geqq 0$

참고 대표적인 일반 평균은 다음 4가지가 있다.

① 산술 평균 $\dfrac{a+b}{2}$

② 헤론의 평균 $\dfrac{a+\sqrt{ab}+b}{3}$

③ 기하 평균 $\sqrt{ab}$

④ 조화 평균 $\dfrac{2ab}{a+b}$

29

$a > 0, b > 0, c > 0$일 때,

$\frac{a+b+c}{3} \geqq \sqrt[3]{abc}$임을 증명하시오.

풀이 $a = x^3$, $b = y^3$, $c = z^3$이라고 놓으면 (단, $x, y, z > 0$)

$$\frac{x^3+y^3+z^3}{3} \geqq 3\sqrt{x^3y^3z^3}$$

$$\Leftrightarrow \frac{x^3+y^3+z^3}{3} \geqq xyz$$

$$\Leftrightarrow x^3+y^3+z^3 \geqq 3xyz$$

$$\Leftrightarrow x^3+y^3+z^3-3xyz \geqq 0$$

$$\Leftrightarrow \frac{1}{2}(x+y+z)\{(x-y)^2+(x-z)^2+(y-z)^2\} \geqq 0$$

참고 $a^3+b^3+c^3$

$$= \frac{1}{2}(a+b+c)\{(a-b)^2+(a-c)^2+(b-c)^2\}+3abc$$

30

자연수 a, b, c에 대하여
$a^2+b^2+c^2 \geqq ab+bc+ca$임을 증명하시오.

풀이

$$a^2+b^2+c^2 \geqq ab+bc+ca$$

$$\Leftrightarrow a^2-(b+c)a+b^2+c^2-bc \geqq 0$$

$$\Leftrightarrow \left(a-\frac{b+c}{2}\right)^2-\frac{(b+c)^2}{4}+b^2+c^2-bc \geqq 0$$

$$\Leftrightarrow \left(a-\frac{b+c}{2}\right)^2+\frac{-b^2-2bc-c^2+4b^2+4c^2-4bc}{4} \geqq 0$$

$$\Leftrightarrow \left(a-\frac{b+c}{2}\right)^2+\frac{3b^2+3c^2-6bc}{4} \geqq 0$$

$$\Leftrightarrow \left(a-\frac{b+c}{2}\right)^2+\frac{3}{4}(b^2+c^2-2bc) \geqq 0$$

$$\Leftrightarrow \left(a-\frac{b+c}{2}\right)^2+\frac{3}{4}(b-c)^2 \geqq 0$$

그리고 등호는 $\left(a-\frac{b+c}{2}\right)^2=0$ AND $\frac{3}{4}(b-c)^2=0$ 이면 성립한다. 이 두 식을 풀면 $a=b=c$이다.

31

$1+3+5+\cdots+(2n-1)=n^2$임을 수학적 귀납법으로 증명하시오. (단, n은 자연수)

풀이 $1+3+5+\cdots+(2n-1)=n^2\cdots\cdots$①

[I] $n=1$일 때 ①이 성립한다.

[II] $n=k$일 때 ①이 성립한다고 가정하면

$$\therefore\ 1+3+5+\cdots+(2k-1)=k^2$$

이 식의 양변에 $(2k-1)$의 다음 수인 $2k+1$을 더하면

$$1+3+5+\cdots+(2k-1)+(2k+1)=k^2+(2k+1)$$

$$\Leftrightarrow 1+3+5+\cdots+(2k+1)=(k+1)^2$$

이 식은 $n=k+1$일 때 성립함을 보인 것이다.

$\therefore$ [I], [II]에 의하여 모든 자연수 n에 대하여 ①은 성립한다.

참고 수학적 귀납법

어떤 명제 $P(n)$가 자연수에 대하여 성립하는 것을 증명하려면 다음과 같이 한다.

[I] $n=1$일 때 $P(1)$이 성립함을 보인다.

[II] $n=k$일 때 $P(k)$이 성립한다고 가정하고

$n=k+1$일 때 $P(k+1)$이 성립함을 보인다.

32

$1+2+2^2+\cdots+2^{n-1}=2^n-1$임을
수학적 귀납법으로 증명하시오. (단, n은 자연수)

풀이 $1+2+2^2+\cdots+2^{n-1}=2^n-1 \cdots\cdots$ ①

[I] $n=1$일 때 ①이 성립한다.

[II] $n=k$일 때 ①이 성립한다고 가정하면

$\therefore\ 1+2+2^2+\cdots+2^{k-1}=2^k-1$

이 식의 양변에 2^k를 더하면

$$1+2+2^2+\cdots+2^{k-1}+2^k=2^k-1+2^k$$

$$\Leftrightarrow 1+2+2^2+\cdots+2^k=2\cdot 2^k-1$$

$$\Leftrightarrow 1+2+2^2+\cdots+2^k=2^{k+1}-1$$

이 식은 $n=k+1$일 때 성립함을 보인 것이다.

$\therefore$ [I], [II]에 의하여 ①은 성립한다.

33

$$\frac{1}{1\cdot 2}+\frac{1}{2\cdot 3}+\frac{1}{3\cdot 4}+\cdots+\frac{1}{n(n+1)}=\frac{n}{n+1}$$ 임을

수학적 귀납법으로 증명하시오. (단, n은 자연수)

풀이 $\frac{1}{1\cdot 2}+\frac{1}{2\cdot 3}+\cdots+\frac{1}{n(n+1)}=\frac{n}{n+1}$ ……①

[I] $n=1$일 때 ①이 성립한다.

[II] $n=k$일 때 ①이 성립한다고 가정하면

$$\therefore\ \frac{1}{1\cdot 2}+\frac{1}{2\cdot 3}+\cdots+\frac{1}{k(k+1)}=\frac{k}{k+1}$$

이 식의 양변에 $\frac{1}{(k+1)(k+2)}$을 더하면

$$\frac{1}{1\cdot 2}+\frac{1}{2\cdot 3}+\cdots+\frac{1}{k(k+1)}+\frac{1}{(k+1)(k+2)}$$

$$=\frac{k}{k+1}+\frac{1}{(k+1)(k+2)}$$

$$\Leftrightarrow \frac{1}{1\cdot 2}+\frac{1}{2\cdot 3}+\cdots+\frac{1}{(k+1)(k+2)}=\frac{k^2+2k+1}{(k+1)(k+2)}$$

$$\Leftrightarrow \frac{1}{1\cdot 2}+\frac{1}{2\cdot 3}+\cdots+\frac{1}{(k+1)(k+2)}=\frac{(k+1)^2}{(k+1)(k+2)}$$

$$\Leftrightarrow \frac{1}{1\cdot 2}+\frac{1}{2\cdot 3}+\cdots+\frac{1}{(k+1)(k+2)}=\frac{k+1}{k+2}$$

이 식은 $n=k+1$일 때 성립함을 보인 것이다.

$\therefore$ [I], [II]에 의하여 ①은 성립한다.

34

$1 \cdot 2+2 \cdot 3+3 \cdot 4+\cdots+n(n+1)=\frac{1}{3}n(n+1)(n+2)$임을 수학적 귀납법으로 증명하시오. (단, n은 자연수)

풀이 $1 \cdot 2+2 \cdot 3+\cdots+n(n+1)=\frac{1}{3}n(n+1)(n+2)$ ……①

[I] $n=1$일 때 ①이 성립한다.

[II] $n=k$일 때 ①이 성립한다고 가정하면

$$\therefore 1 \cdot 2+2 \cdot 3+\cdots+k(k+1)=\frac{1}{3}k(k+1)(k+2)$$

이 식의 양변에 $k(k+1)$의 다음 수인 $(k+1)(k+2)$를 더한다.

$$1 \cdot 2+2 \cdot 3+\cdots+k(k+1)+(k+1)(k+2)$$
$$=\frac{1}{3}k(k+1)(k+2)+(k+1)(k+2)$$
$$\Leftrightarrow 1 \cdot 2+2 \cdot 3+\cdots+(k+1)(k+2)$$
$$=\frac{1}{3}(k+1)(k+2)(k+3)$$

이 식은 $n=k+1$일 때 성립함을 보인 것이다.

∴ [I], [II]에 의하여 모든 자연수 n에 대하여 ①은 성립한다.

35

$1+\frac{1}{2^2}+\frac{1}{3^2}+\cdots+\frac{1}{n^2}<2-\frac{1}{n}$임을 수학적 귀납법으로 증명하시오. (단, $n\geq 2$인 자연수)

풀이 $1+\frac{1}{2^2}+\cdots+\frac{1}{n^2}<2-\frac{1}{n}$ ……①

[I] $n=2$일 때

$$1+\frac{1}{2^2}<\frac{3}{2}$$

$$\Leftrightarrow \frac{5}{4}<\frac{6}{4}$$

①이 성립한다

[II] $n=k(k\geq 2)$일 때 ①이 성립한다고 가정하면

$$\therefore\ 1+\frac{1}{2^2}+\cdots+\frac{1}{k^2}<2-\frac{1}{k}$$

이 식의 양변에 $\frac{1}{(k+1)^2}$을 더하면

$$1+\frac{1}{2^2}+\cdots+\frac{1}{k^2}+\frac{1}{(k+1)^2}<2-\frac{1}{k}+\frac{1}{(k+1)^2}$$

$$\Leftrightarrow 1+\frac{1}{2^2}+\cdots+\frac{1}{(k+1)^2}<2-\frac{k^2+k+1}{k(k+1)^2}$$

$$\Leftrightarrow 1+\frac{1}{2^2}+\cdots+\frac{1}{(k+1)^2}<2-\frac{k(k+1)+1}{k(k+1)^2}$$

$$\Leftrightarrow 1+\frac{1}{2^2}+\cdots+\frac{1}{(k+1)^2}<2-\frac{1}{k+1}-\frac{1}{k(k+1)^2}$$

$$<2-\frac{1}{k+1}$$

$$\Leftrightarrow 1+\frac{1}{2^2}+\cdots+\frac{1}{(k+1)^2}<2-\frac{1}{k+1}$$

이 식은 $n=k+1$일 때 성립함을 보인 것이다.

$\therefore$ [I], [II]에 의하여 ①은 성립한다.

36

$(1+x)^n > 1+nx$임을 수학적 귀납법으로 증명하시오.
(단, $n>1$인 자연수, $x>0$)

풀이 $(1+x)^n > 1+nx$ ······ ①

[I] $n=2$일 때

$$(1+x)^2 > 1+2x$$
$$\Leftrightarrow x^2+2x+1 > 1+2x$$
$$\Leftrightarrow x^2 > 0$$

①이 성립한다.

[II] $n=k(k>1)$일 때 ①이 성립한다고 가정하면

$$\therefore\ (1+x)^k > 1+kx$$

이 식의 양변에 $(1+x)$를 곱하면

$$(1+x)^k(1+x) > (1+kx)(1+x)$$
$$\Leftrightarrow (1+x)^{k+1} > 1+(k+1)x+kx^2 > 1+(k+1)x$$
$$\Leftrightarrow (1+x)^{k+1} > 1+(k+1)x$$

이 식은 $n=k+1$일 때 성립함을 보인 것이다.

∴ [I], [II]에 의하여 ①은 성립한다.

제 3 장

인수분해와 유리식, 무리식

실수의 분류

❖ 실수 ┬ 무리수
　　　└ 유리수 ┬ 정수가 아닌 유리수(분수)
　　　　　　　└ 정수 ┬ 양의 정수(자연수)
　　　　　　　　　　├ 0
　　　　　　　　　　└ 음의 정수

❖ 유리수 $= \left\{ \frac{b}{a} \mid a, b\text{는 정수}, a \neq 0 \right\}$

실수의 기본 정리

❖ a, b, c가 실수라 할 때 다음 세 가지 법칙이 성립한다.

① 교환법칙

$a + b = b + a, \ ab = ba$

② 결합법칙

$(a + b) + c = a + (b + c)$

$(ab)c = a(bc)$

③ 배분법칙

$a(b + c) = ab + ac$

복소수

❖ $i = \sqrt{-1}, i^2 = -1$인 i를 허수단위라 한다.

그리고 a, b가 실수일 때,

$a + bi = 0$이면 $a = 0$이고, $b = 0$이다.

인수분해

❖ 정수 또는 다항식을 몇 개의 정수 또는 몇 개의 다항식(인수)으로 나누는 것을 인수분해라 한다. 예를 들면 (a^2-b^2)은 $(a-b)$와 $(a+b)$의 곱으로 인수분해된다.

유리식

❖ 정수식과 분수식을 통틀어 유리식이라고 한다.

❖ 분수식 계산의 기본 정리

① $\frac{b}{a}\times\frac{d}{c}=\frac{bd}{ac}$

② $\frac{a}{c}+\frac{b}{c}=\frac{a+b}{c}$

무리식

❖ 무리식의 기본 정리

① a가 실수일 때 $\sqrt{a^2}=|a|$

② $\frac{a}{\sqrt{b}}=\frac{a\sqrt{b}}{b}$ $(b\neq0)$

③ $\frac{c}{\sqrt{a}\pm\sqrt{b}}=\frac{c(\sqrt{a}\mp\sqrt{b})}{a-b}$

④ a, b가 유리수이고 $\sqrt{c}$가 무리수일 때,
$a+b\sqrt{c}=0$이면 $a=0, b=0$

⑤ b가 홀수일 때 $\sqrt[b]{a^b}=a$

37

$a+b+c=0$, $abc=-2$일 때,
$(a+b)(b+c)(c+a)$의 값을 구하시오.

풀이 $a+b+c=0$이므로

$$\begin{cases} a+b=-c \\ b+c=-a \\ c+a=-b \end{cases}$$

$$\begin{aligned} &(a+b)(b+c)(c+a) \\ \Leftrightarrow &(-c)\cdot(-a)\cdot(-b) \\ \Leftrightarrow &-abc \\ \Leftrightarrow &2 \end{aligned}$$

다음 공식을 사용하여 풀 수 있다.

$$\begin{aligned} &(a+b)(b+c)(c+a)=(a+b+c)(ab+bc+ca)-abc \\ &\Leftrightarrow (a+b)(b+c)(c+a)=0\cdot(ab+bc+ca)+2 \\ &\Leftrightarrow (a+b)(b+c)(c+a)=2 \end{aligned}$$

참고 ① $(x+a)(x+b)=x^2+(a+b)x+ab$

② $(x+a)(x+b)(x+c)=x^3+(a+b+c)x^2+(ab+bc+ca)x+abc$

③ $(x+y)^3=x^3+y^3+3xy(x+y)$

④ $(x-y)^3=x^3-y^3-3xy(x-y)$

⑤ $(a+b)(b+c)(c+a)=(a+b+c)(ab+bc+ca)-abc$

⑥ $(a-b)^2+(b-c)^2+(c-a)^2$

$$=2(a^2+b^2+c^2-ab-bc-ca)$$

⑦ $(a+b+c)^2=a^2+b^2+c^2+2ab+2ac+2bc$

⑧ $a^3+b^3+c^3=(a+b+c)\{(a+b+c)^2-3(ab+ac+bc)\}$

$$+3abc$$

⑨ $a^3+b^3+c^3=(a+b+c)\{a^2+b^2+c^2-(ab+ac+bc)\}$

$$+3abc$$

⑩ $a^3+b^3+c^3=\frac{1}{2}(a+b+c)\{(a-b)^2+(b-c)^2+(c-a)^2\}$

$$+3abc$$

38

$\frac{1}{a}+\frac{1}{b}+\frac{1}{c}=\frac{1}{a+b+c}$일 때,
a, b, c의 값을 구하시오.

풀이 $$\frac{1}{a}+\frac{1}{b}+\frac{1}{c}=\frac{1}{a+b+c}$$

$$\Leftrightarrow \frac{ab+ac+bc}{abc}=\frac{1}{a+b+c}=m$$

$$\Leftrightarrow ab+ac+bc=abcm,\ a+b+c=\frac{1}{m}$$

a, b, c를 3차방정식의 근이라 놓으면

$$(t-a)(t-b)(t-c)=0$$

$$\Leftrightarrow t^3-(a+b+c)t^2+(ab+ac+bc)t-abc=0$$

$$\Leftrightarrow t^3-\frac{1}{m}t^2+abcmt-abc=0$$

$$\Leftrightarrow t^2\left(t-\frac{1}{m}\right)+abcm\left(t-\frac{1}{m}\right)=0$$

$$\Leftrightarrow \left(t-\frac{1}{m}\right)(t^2+abcm)=0$$

$$\Leftrightarrow t=\frac{1}{m},\ t=\pm\sqrt{abcm}\ i$$

따라서 $\{a, b, c\}=\left\{\frac{1}{m}, \sqrt{abcm}\ i, -\sqrt{abcm}\ i\right\}$

위에서 $abcm=ab+ac+bc$이므로

$\{a, b, c\}=\{a+b+c, \sqrt{ab+ac+bc}\ i, -\sqrt{ab+ac+bc}\ i\}$

39

x, y, z가 실수일 때, $xy+yz+zx=1$, $x+y+z=xyz$를 동시에 만족시킬 수 없음을 증명하시오.

풀이 x, y, z가 3차방정식의 근이라 놓으면

$$(t-x)(t-y)(t-z)=0$$
$$\Leftrightarrow t^3-(x+y+z)t^2+(xy+xz+yz)t-xyz=0$$
$$\Leftrightarrow t^3-xyzt^2+t-xyz=0$$
$$\Leftrightarrow t^2(t-xyz)+(t-xyz)=0$$
$$\Leftrightarrow (t^2+1)(t-xyz)=0$$
$$\Leftrightarrow \therefore\ t=\pm i,\ xyz$$

따라서 $\{x, y, z\}=\{i, -i, xyz\}$

문제에서 x, y, z가 실수라고 했는데, 결과는 x, y, z 중 둘은 허수이므로

$xy+yz+zx=1$, $x+y+z=xyz$를 동시에 만족시킬 수 없다.

40

$x+y+z=\frac{1}{x}+\frac{1}{y}+\frac{1}{z}=1$일 때,

x, y, z의 값을 구하시오.

풀이 $x+y+z=\frac{xy+xz+yz}{xyz}=1$이라 놓으면

$$\therefore\ x+y+z=1,\ xy+xz+yz=xyz$$

x, y, z를 3차방정식의 근이라 놓으면

$$(t-x)(t-y)(t-z)=0$$

$$\Leftrightarrow t^3-(x+y+z)t^2+(xy+xz+yz)t-xyz=0$$

$$\Leftrightarrow t^3-t^2+xyzt-xyz=0$$

$$\Leftrightarrow t^2(t-1)+xyz(t-1)=0$$

$$\Leftrightarrow (t-1)(t^2+xyz)=0$$

$$\Leftrightarrow t=1,\ \pm\sqrt{xyz}\,i$$

따라서 $\{x, y, z\}=\{1, \sqrt{xyz}\,i, -\sqrt{xyz}\,i\}$

41

$\dfrac{2}{x+4}+\dfrac{1}{\sqrt{x+4}}=1$일 때,

x의 값을 구하시오.

풀이 $\dfrac{2+\sqrt{x+4}}{(\sqrt{x+4})^2}=1$

$\Leftrightarrow 2+\sqrt{x+4}=(\sqrt{x+4})^2$

$\Leftrightarrow 2+\sqrt{x+4}=x+4$

$\Leftrightarrow \sqrt{x+4}=x+2$

$\Leftrightarrow x+4=x^2+4x+4$

$\Leftrightarrow x^2+3x=0$

$\Leftrightarrow x(x+3)=0$

$\Leftrightarrow x=0,\ -3$

$x=-3$일 경우는 좌변이 3이 되어 성립할 수 없다.

$\therefore\ x=0$

42

$3x = 5y \neq 0$일 때,

$\dfrac{x^2+y^2}{xy}$의 값을 구하시오.

풀이 $3x = 5y$에서 $x = \dfrac{5}{3}y$

$$\begin{cases} \text{분자} : x^2 + y^2 = \dfrac{25}{9}y^2 + y^2 = \dfrac{34}{9} \cdot y^2 \\ \text{분모} : xy = \dfrac{5}{3} \cdot y^2 \end{cases}$$

따라서 $\dfrac{x^2+y^2}{xy} = \dfrac{\dfrac{34}{9} \cdot y^2}{\dfrac{5}{3} \cdot y^2} = \dfrac{34 \cdot 3}{5 \cdot 9} = \dfrac{34}{15}$

$\therefore \dfrac{34}{15}$

43

$x=\dfrac{1}{\sqrt{6}-\sqrt{5}}$ 일 때,

$x^2+2x-11$의 값을 구하시오.

풀이

$$x=\frac{1}{\sqrt{6}-\sqrt{5}}=\frac{\sqrt{6}+\sqrt{5}}{(\sqrt{6}-\sqrt{5})(\sqrt{6}+\sqrt{5})}$$

$$=\frac{\sqrt{6}+\sqrt{5}}{6-5}=\sqrt{6}+\sqrt{5}$$

$$x^2+2x-11$$

$$\Leftrightarrow(\sqrt{6}+\sqrt{5})^2+2(\sqrt{6}+\sqrt{5})-11$$

$$\Leftrightarrow 6+5+2\sqrt{30}+2\sqrt{6}+2\sqrt{5}-11$$

$$\Leftrightarrow 2(\sqrt{30}+\sqrt{6}+\sqrt{5})$$

44

$x=\sqrt{8+2\sqrt{5}}$, $y=\sqrt{8-2\sqrt{15}}$ 일 때,
$(x+y)^2$의 값을 구하시오.

풀이 $x=\sqrt{8+2\sqrt{15}}=\sqrt{(\sqrt{5}+\sqrt{3})^2}=\sqrt{5}+\sqrt{3}$

$y=\sqrt{8-2\sqrt{15}}=\sqrt{(\sqrt{5}-\sqrt{3})^2}=\sqrt{5}-\sqrt{3}$

따라서 $(x+y)^2=(2\sqrt{5})^2=20$

$\therefore$ 20

45

$x+y=\sqrt{3+2\sqrt{2}}$, $xy=\sqrt{2}$일 때,

x, y의 값을 구하시오. (단, $x, y>0$)

풀이 $x+y=\sqrt{3+2\sqrt{2}}$

$\Leftrightarrow x+y=\sqrt{3+2xy}$

$\Leftrightarrow x^2+2xy+y^2=2xy+3$

$\Leftrightarrow x^2+y^2=3$

$\Leftrightarrow x^2+\left(\dfrac{\sqrt{2}}{x}\right)^2=3$

$\Leftrightarrow x^2+\dfrac{2}{x^2}=3$

$\Leftrightarrow x^4-3x^2+2=0$

$\Leftrightarrow x^2=\dfrac{3\pm\sqrt{1}}{2}=\dfrac{3\pm1}{2}$

$\Leftrightarrow x^2=1$ 또는 $x^2=2$

$\Leftrightarrow x=1$ 또는 $x=\sqrt{2}$

이때 y의 값은 각각 $\sqrt{2}$, 1이다.

$\therefore$ $x=1, y=\sqrt{2}$ 또는 $x=\sqrt{2}, y=1$

참고 $\sqrt{3+2\sqrt{2}}=\sqrt{(1+\sqrt{2})^2}=1+\sqrt{2}$

46

$x=2-\sqrt{-3}$일 때,

x^2-4x+5의 값을 구하시오.

풀이 $x=2-\sqrt{-3}$

$\Leftrightarrow x-2=-\sqrt{-3}$, 양변을 제곱한다.

$\Leftrightarrow x^2-4x+4=-3$

$\Leftrightarrow x^2-4x=-7$

따라서 $x^2-4x+5=-7+5=-2$

$\therefore\ x^2-4x+5=-2$

47

$x = \frac{-1+\sqrt{-3}}{2}$일 때,

$x^6 + x^2 + x + 2$의 값을 구하시오.

풀이 x를 직접 대입하여 풀 수도 있지만, 주어진 x의 값을 변형시켜 보자.

$$x = \frac{-1+\sqrt{-3}}{2}$$

$\Leftrightarrow 2x + 1 = \sqrt{-3}$

$\Leftrightarrow 4x^2 + 4x + 4 = 0$

$\Leftrightarrow x^2 + x + 1 = 0$, 양변에 $(x-1)$을 곱한다……①

$\Leftrightarrow x^3 - 1 = 0$

$\Leftrightarrow x^3 = 1$…………②

①과 ② 식을 이용하면

$$\begin{aligned} x^6 + x^2 + x + 2 &= (x^3)^2 + (x^2 + x + 1) + 1 \\ &= 1^2 + 0 + 1 \\ &= 2 \end{aligned}$$

$\therefore\ x^6 + x^2 + x + 2 = 2$

48

$x=\sqrt{-1}$일 때,

$1+x^2+x^4+x^8+x^{12}$을 간단히 하시오. (단, $x^2=-1$)

풀이 $x=\sqrt{-1}$이므로 $x^2=-1$, $x^4=1$이다.

$1+x^2+x^4+(x^4)^2+(x^4)^3$

$\Leftrightarrow 1-1+1^1+1^2+1^3$

$\Leftrightarrow 3$

참고 $\sqrt{-1}=x$인 x를 허수단위라고 한다. 일반적으로 허수단위는 i라고 쓴다.

49

$x=\sqrt{-1}$ 일 때,

$\left(\frac{1-x}{1+x}\right)^{10}$ 의 값을 구하시오.

풀이 $\frac{1-x}{1+x}=\frac{1-\sqrt{-1}}{1+\sqrt{-1}}=\frac{(1-\sqrt{-1})^2}{(1+\sqrt{-1})(1-\sqrt{-1})}$

$=\frac{1-1-2\sqrt{-1}}{1-(-1)}=\frac{-2\sqrt{-1}}{2}=-\sqrt{-1}$

따라서 $\left(\frac{1-x}{1+x}\right)^2=-1$

$\therefore\ \left(\frac{1-x}{1+x}\right)^{10}=\left\{\left(\frac{1-x}{1+x}\right)^2\right\}^5=(-1)^5=-1$

50

연립방정식 $\begin{cases} 6x+y=5 \\ 12x+7z=9 \\ 2y-2z=11 \end{cases}$ 의 해를 구하시오.

풀이

$$\begin{array}{rl} 6x+\quad y=5 & \cdots\cdots\cdots\cdots ① \\ 12x+7z=9 & \cdots\cdots\cdots\cdots ② \\ +)\ \underline{2y-2z=11} & \cdots\cdots\cdots ③ \\ 18x+3y+5z=25 & \cdots ④ \end{array}$$

(④$-3\times$①)을 하면 $5z=10$에서 $z=2$이다.

이 값을 ②, ③에 넣으면 $x=\dfrac{-5}{12}$, $y=\dfrac{15}{2}$이다.

$\therefore\ x=\dfrac{-5}{12},\ y=\dfrac{15}{2},\ z=2$

51

연립방정식 $\begin{cases} 3x+\ \ y+\ \ z=8 \\ 5x+2y-3z=5 \\ -x+4y+9z=1 \end{cases}$의 해를 구하시오.

풀이

$$\begin{aligned} 3x+\ \ y+\ \ z&=8 \cdots\cdots ① \\ 5x+2y-3z&=5 \cdots\cdots ② \\ +)\ -x+4y+9z&=1 \cdots\cdots ③ \\ \hline 7x+7y+7z&=14 \end{aligned}$$

$\therefore\ x+y+z=2 \cdots\cdots\cdots ④$

①식에서 ④식을 빼면 $2x=6$, $x=3$이다.

이 값을 ①, ②, ③식에 대입하면 다음과 같다.

$y+z=-1 \cdots\cdots\cdots\cdots ⑤$

$2y-3z=-10 \cdots\cdots ⑥$

$4y+9z=4 \cdots\cdots\cdots\cdots ⑦$

⑥×2−⑦을 하면 $z=\frac{8}{5}$이고, 이 값을 ⑤식에 대입하면

$y=\frac{-13}{5}$이다.

따라서

$\therefore\ x=3,\ y=\frac{-13}{5},\ z=\frac{8}{5}$

제 4 장

나머지 정리

나머지 정리

❖ $f(x)$를 $(x-\mathrm{a})$로 나누었을 때, 몫을 Q, 나머지를 R이라 하면

$$f(x)=(x-\mathrm{a})\mathrm{Q}+\mathrm{R}$$

여기서 $f(\mathrm{a})=\mathrm{R}$임을 알 수 있다. 이것을 「나머지 정리」라 한다.

나머지 정리 공식

❖ b를 a로 나누었을 때, 나머지가 0이면 다음처럼 나타낸다.

$\frac{\mathrm{b}}{\mathrm{a}}\equiv\frac{0}{\mathrm{a}}$ 또는 $\mathrm{b}\equiv 0 \pmod{\mathrm{a}}$

❖ b를 a로 나누었을 때, 나머지가 c이면 다음처럼 나타낸다.

$\frac{\mathrm{b}}{\mathrm{a}}\equiv\frac{\mathrm{c}}{\mathrm{a}}$ 또는 $\mathrm{b}\equiv\mathrm{c} \pmod{\mathrm{a}}$

❖ 그 외 여러 가지 공식 (a, b, c, n은 자연수)

① $\frac{(\mathrm{a}+\mathrm{b})^n}{\mathrm{a}}\equiv\frac{\mathrm{b}^n}{\mathrm{a}}$ 또는 $(\mathrm{a}+\mathrm{b})^n\equiv\mathrm{b}^n \pmod{\mathrm{a}}$

② $\frac{(\mathrm{a}-\mathrm{b})^n}{\mathrm{a}}\equiv\frac{(-\mathrm{b})^n}{\mathrm{a}}$ 또는 $(\mathrm{a}-\mathrm{b})^n\equiv(-\mathrm{b})^n \pmod{\mathrm{a}}$

③ $\frac{(\mathrm{a}\cdot\mathrm{b}+\mathrm{c})^n}{\mathrm{a}}\equiv\frac{\mathrm{c}^n}{\mathrm{a}}$ 또는 $(\mathrm{a}\cdot\mathrm{b}+\mathrm{c})^n \pmod{\mathrm{a}}$

④ $\frac{\mathrm{b}^n}{\mathrm{a}}\equiv\frac{(\mathrm{b}-\mathrm{a}\cdot\mathrm{c})^n}{\mathrm{a}}$ 또는 $\mathrm{b}^n=(\mathrm{b}-\mathrm{a}\cdot\mathrm{c})^n \pmod{\mathrm{a}}$

⑤ $\mathrm{c}\equiv\frac{\mathrm{bc}}{\mathrm{a}}$

52

$\frac{2781}{23}$의 나머지를 구하시오.

풀이

$$\begin{array}{r} 120 \\ 23\overline{)\,2781} \\ \underline{23} \\ 48 \\ \underline{46} \\ 21 \end{array}$$

따라서 $\frac{2781}{23} \equiv \frac{21}{23}$

∴ 나머지는 21

53

$\dfrac{32759}{3275}$의 나머지를 구하시오.

풀이 $\dfrac{32759}{3275} \equiv \dfrac{32750+9}{3275} \equiv \dfrac{9}{3275}$

$\therefore$ 나머지는 9

참고 $\dfrac{abcde}{abcd} \equiv \dfrac{e}{abcd}$ (단, $abcd = 1000a + 100b + 10c + d$)

54

$\dfrac{72539^2}{59}$ 의 나머지를 구하시오.

풀이 $\dfrac{72539}{59} \equiv \dfrac{1229 \times 59 + 28}{59} \equiv \dfrac{28}{59}$

따라서 $\dfrac{72539^2}{59} \equiv \dfrac{72539 \cdot 72539}{59} \equiv \dfrac{28^2}{59}$

$$\equiv \frac{784}{59} \equiv \frac{13 \times 59 + 17}{59} \equiv \frac{17}{59}$$

$\therefore$ 나머지는 17

55

$\frac{2^{1000}}{17}$의 나머지를 구하시오.

풀이 $\frac{(2^4)^{250}}{17} \equiv \frac{(17-1)^{250}}{17} \equiv \frac{(-1)^{250}}{17} \equiv \frac{1}{17}$

∴ 나머지는 1

참고 $\frac{(a+b)^n}{a} \equiv \frac{b^n}{a}$ (역도 성립)

$\frac{(a-b)^n}{a} \equiv \frac{(-b)^n}{a}$ (역도 성립)

56

$2x^3+5x^2-6x+9$를 $2x^2+x+3$으로 나누었을 때, 나머지를 구하시오.

풀이

$$
\begin{array}{r}
x+2 \\
2x^2+x+3\,\overline{)\,2x^3+5x^2-6x+9} \\
-\ \ 2x^3+\ x^2+3x \quad\ \\
\hline
4x^2-9x+9 \\
-\ \ 4x^2+2x+6 \\
\hline
-11x+3
\end{array}
$$

따라서 $2x^3+5x^2-6x+9=(2x^2+x+3)(x+2)-11x+3$ 이므로 나머지는 $-11x+3$이다.

$\therefore$ 나머지는 $-11x+3$

57

$2x+3y+4z=5$의 모든 정수해를 구하시오.

풀이 $2x+3y+4z=5\cdots\cdots①$

$$\Leftrightarrow x\equiv\frac{5-3y-4z}{2}$$

$$\equiv\frac{(4+1)-(4-1)y-4z}{2}$$

$$\equiv\frac{1+y}{2}$$

여기서 x가 정수이어야 하므로, $\frac{1+y}{2}$도 정수이어야 한다.

$\frac{1+y}{2}=k$라 놓으면, $y=2k-1$

이 식을 ①에 대입하면, $x=4-3k-2z$

z를 m이라 놓으면, $x=4-3k-2m$, $y=2k-1$

$$\therefore\begin{cases}x=4-3k-2m\\y=2k-1\\z=m\end{cases}$$

58

$2x-3y=5$의 모든 정수해를 구하시오.

풀이 $2x-5=3y$에서 $y=\frac{2x-5}{3}$

여기서 $\frac{2x-5}{3}$가 정수가 되는 x를 찾는다.

① $x=3k$일 때

$\frac{2x-5}{3} \equiv \frac{2\cdot 3k-5}{3} \equiv \frac{-2}{3}$, 나머지 있음

② $x=3k+1$일 때

$\frac{2x-5}{3} \equiv \frac{2(3k+1)-5}{3} \equiv \frac{-3}{3} \equiv \frac{0}{3}$, 나머지 없음

③ $x=3k+2$일 때

$\frac{2x-5}{3} \equiv \frac{2(3k+2)-5}{3} \equiv \frac{-1}{3}$, 나머지 있음

따라서 정수해는 $x=3k+1$일 때이다.

$\therefore\ x=3k+1,\ y=2k-1$

참고 $\mathrm{a}x-\mathrm{b}y=\mathrm{c}$에서 a, b가 서로 소이면 항상 해를 가진다.

또한 $\frac{\mathrm{c}}{\mathrm{GCD(a, b)}}$가 정수이면, GCD(a, b)개의 서로 다른 해를 가진다.

59

$2x-4y=3$의 모든 정수해를 구하시오.

풀이 $ax-by=c$와 계수를 비교하면

$a=2,\ b=4,\ c=3$

여기서 GCD(2, 4)는 2이고

$\frac{3}{\mathrm{GCD}(2,4)}$은 정수가 아니므로 해를 갖지 않는다.

풀이 $2x-4y=3$

좌변은 짝수이나 우변은 홀수이므로

좌변 ≒ 우변

따라서 해가 없다.

60

$2x-4y=6$의 모든 정수해를 구하시오.

풀이 $2x-4y=6$

$\Leftrightarrow 2x-6=4y$

$\Leftrightarrow \dfrac{2x-6}{4}=y$

여기서 $\dfrac{2x-6}{4}$이 정수가 되는 x를 찾는다.

① $x=4k$일 때

$\dfrac{2x-6}{4} \equiv \dfrac{2\cdot 4k-6}{4} \equiv \dfrac{-2}{4}$, 나머지 있음

② $x=4k+1$일 때

$\dfrac{2x-6}{4} \equiv \dfrac{2(4k+1)-6}{4} \equiv \dfrac{-4}{4} \equiv \dfrac{0}{4}$, 나머지 없음

③ $x=4k+2$일 때

$\dfrac{2x-6}{4} \equiv \dfrac{2(4k+2)-6}{4} \equiv \dfrac{-2}{4}$, 나머지 있음

④ $x=4k+3$

$\dfrac{2x-6}{4} \equiv \dfrac{2(4k+3)-6}{4} \equiv \dfrac{0}{4}$, 나머지 없음

이상으로 정수해는 $x=4k+1$, $4k+3$일 때이다.

$\therefore$ $x=4k+1$, $y=2k-1$ 또는 $x=4k+3$, $y=2k$

참고 $2x-4y=6$은 $x-2y=3$이므로 $y=k$라 놓으면

$x=2k+3$

61

$23m+27n=1$을 만족하는 정수 m, n을 구하시오.

힌트 두 개의 정수 a, b를 m으로 나눌 때, 나머지가 같으면 합동이다. (단, $m \neq 1$)

이것을 기호로 표시하면 $\frac{a}{m} \equiv \frac{b}{m}$ (몫은 소거하고, 나머지만을 고려한다)

예를 들면 $\frac{7}{4} \equiv \frac{4 \times 1+3}{4} \equiv 1+\frac{3}{4} \equiv \frac{3}{4}$

풀이 $23m+27n=1$을 m에 대하여 풀면

$$m \equiv \frac{1-27n}{23} \equiv \frac{1-23n-4n}{23} \equiv \frac{1-4n}{23}$$

여기서 $\frac{1-4n}{23}$이 정수가 되는 n을 찾아보자.

$\frac{1-4n}{23}=s$라 놓으면 $n \equiv \frac{1+s}{4}$가 되고, $s=4p-1$이면 n은 정수가 된다.

따라서 $\frac{1-4n}{23}=s$에서 $n=-23p+6$

이 n을 $23m+27n=1$에 대입하면 $m=27p-7$

$\therefore\ n=-23p+6,\ m=27p-7$

62

「$\frac{x-2}{3}$ = 정수, $\frac{x-3}{5}$ = 정수, $\frac{x-4}{7}$ = 정수」를

동시에 만족시키는 모든 x를 구하시오.

풀이 $\frac{x-2}{3} = \text{a}$, $\frac{x-3}{5} = \text{b}$, $\frac{x-4}{7} = \text{c}$라 놓으면

$x = 3\text{a} + 2 \cdots\cdots ①$

$x = 5\text{b} + 3 \cdots\cdots ②$

$x = 7\text{c} + 4 \cdots\cdots ③$

①−②를 하면 $3\text{a} + 2 = 5\text{b} + 3$, 이 식을 a에 대하여 풀면

$$\text{a} = \frac{5\text{b}+1}{3} \equiv \frac{2\text{b}+1}{3} \equiv \frac{(3-1)\text{b}+1}{3} \equiv \frac{-\text{b}+1}{3}$$

여기서 $\frac{-\text{b}+1}{3}$을 p라 놓으면, $\text{b} = -3p + 1$

이 식을 ②식에 대입하면 $x = -15p + 8 \cdots\cdots ④$

③−④를 하면 $-15p+8=7\text{c}+4$, 이 식을 c에 대하여 풀면

$\text{c} \equiv \frac{-15p+4}{7} \equiv \frac{-p+4}{7}$ 여기서 $\frac{-p+4}{7} = k$라 놓으면

$\text{p} = -7k + 4$

이 식은 ④에 대입하면 $x = 105k - 52$

$\therefore\ x = 105k - 52$

참고 $\frac{x-2}{3} \equiv \frac{0}{3}$은 일반적으로 $x - 2 \equiv 0 \pmod 3$ 또는

$x \equiv 2 \pmod 3$로 나타낸다.

63

$x^2-x-5=3y$의 모든 정수해를 구하시오.

풀이 $x^2-x-5=3y$를 y에 대하여 풀면 $y=\dfrac{x^2-x-5}{3}$

여기서 $\dfrac{x^2-x-5}{3}$가 정수가 되는 x를 찾으면 된다.

① $x=3k$일 때

$\dfrac{x^2-x-5}{3}\equiv\dfrac{(3k)^2-(3k)-5}{3}\equiv\dfrac{-2}{3}$, 나머지 있음

② $x=3k+1$일 때

$\dfrac{x^2-x-5}{3}\equiv\dfrac{(3k+1)^2-(3k+1)-5}{3}\equiv\dfrac{1-1-5}{3}\equiv\dfrac{-2}{3}$,

나머지 있음

③ $x=3k+2$일 때

$\dfrac{x^2-x-5}{3}\equiv\dfrac{(3k+2)^2-(3k+2)-5}{3}\equiv\dfrac{4-2-5}{3}$

$\equiv\dfrac{-3}{3}\equiv\dfrac{0}{3}$, 나머지 있음

따라서 $x=3k+2$일 때 해를 가진다.

$\therefore\ x=3k+2,\ y=3k^2+3k-1$

64

$\dfrac{x^2+1}{5}$이 정수가 되는 x의 값을 구하시오.

힌트 $p \neq 2$인 솟수에 대하여

$\dfrac{x^2+1}{p} \equiv \dfrac{0}{p}$이 해를 가질 필요충분조건은

$\dfrac{p}{4} \equiv \dfrac{1}{4}$이다.

이 정리를「오일러(Euler)의 정리」라고 한다.

풀이 힌트에 의해 $\dfrac{p}{4} \equiv \dfrac{5}{4} \equiv \dfrac{1}{4}$이므로, $\dfrac{x^2+1}{5}$이 정수가 되는 x가 존재한다. 따라서

$x = 5k,\ 5k+1,\ 5k+2,\ 5k+3,\ 5k+4$로 나누어 풀 수 있다.

① $x = 5k$일 때

$\dfrac{(5k)^2+1}{5} \equiv \dfrac{1}{5}$, 나머지 있음

② $x = 5k+1$일 때

$\dfrac{(5k+1)^2+1}{5} \equiv \dfrac{2}{5}$, 나머지 있음

③ $x = 5k+2$일 때

$\dfrac{(5k+2)^2+1}{5} \equiv \dfrac{5}{5} \equiv \dfrac{0}{5}$, 나머지 없음

④ $x = 5k + 3$일 때

$\frac{(5k+3)^2+1}{5} \equiv \frac{10}{5} \equiv \frac{0}{5}$, 나머지 없음

⑤ $x = 5k + 4$일 때

$\frac{(5k+4)^2+1}{5} \equiv \frac{17}{5} \equiv \frac{2}{5}$, 나머지 있음

$\therefore\ x = 5k + 2$ 또는 $x = 5k + 3$

65

$\dfrac{x^3+2}{7}$가 정수가 되는 x의 값을 구하시오.

풀이 $\dfrac{x^3+2}{7} \equiv \dfrac{0}{7}$을 만족시키는 x는 $7k+\mathrm{a}$(단, $1 \leqq \mathrm{a} \leqq 6$)인 것이 자명하다.

따라서 $\dfrac{x^3+2}{7} \equiv \dfrac{(7k+\mathrm{a})^3+2}{7} \equiv \dfrac{\mathrm{a}^3+2}{7}$

이것에 의해 a만 고려하면 된다.

① $\mathrm{a}=1$일 때, $\dfrac{3}{7}$

② $\mathrm{a}=2$일 때, $\dfrac{3}{7}$

③ $\mathrm{a}=3$일 때, $\dfrac{1}{7}$

④ $\mathrm{a}=4$일 때, $\dfrac{3}{7}$

⑤ $\mathrm{a}=5$일 때, $\dfrac{1}{7}$

⑥ $\mathrm{a}=6$일 때, $\dfrac{1}{7}$

이상으로 $\dfrac{0}{7}$인 경우가 없다. 따라서 해가 없다.

66

$\dfrac{x^2+7}{11}$**이 정수가 되는 x의 값을 구하시오.**

풀이 $\dfrac{x^2+7}{11} \equiv \dfrac{0}{11}$을 만족시키는 x는 $11k+\mathrm{a}$ (단, $1 \leqq \mathrm{a} \leqq 10$)인 것이 자명하다.

따라서 $\dfrac{x^2+7}{11} \equiv \dfrac{(11k+\mathrm{a})^2+7}{11} \equiv \dfrac{\mathrm{a}^2+7}{11}$

이것에 의해 a만을 고려하면 된다.

① $\mathrm{a}=1$일 때, $\dfrac{8}{11}$

② $\mathrm{a}=2$일 때, $\dfrac{11}{11} \equiv \dfrac{0}{11}$

③ $\mathrm{a}=3$일 때, $\dfrac{5}{11}$

④ $\mathrm{a}=4$일 때, $\dfrac{1}{11}$

⑤ $\mathrm{a}=5$일 때, $\dfrac{10}{11}$

이상으로 $\mathrm{a}=2$일 때, 즉 $x=11k+2$일 때 해가 된다.

$\therefore\ x=11k+2$

67

$\dfrac{2^n+1}{3}$이 정수가 되는 자연수 n의 값을 구하시오.

풀이 $\dfrac{2^n+1}{3} \equiv \dfrac{(3-1)^n+1}{3} \equiv \dfrac{(-1)^n+1}{3}$

① n이 짝수이면

$\dfrac{(-1)^n+1}{3} \equiv \dfrac{1+1}{3} \equiv \dfrac{2}{3}$, 나머지 있음

② n이 홀수이면

$\dfrac{(-1)^n+1}{3} \equiv \dfrac{-1+1}{3} \equiv \dfrac{0}{3}$, 나머지 없음

$\therefore$ n이 홀수이면 2^n+1은 3으로 나누어 떨어진다.

68

$\dfrac{5^n+2\cdot3^{n-1}+1}{8}\equiv\dfrac{0}{8}$**임을 증명하시오. (단, n은 자연수)**

풀이 $\dfrac{5^n+2\cdot3^{n-1}+1}{8}\equiv\dfrac{(8-3)^n+2\cdot3^{n-1}+1}{8}$

$$\equiv\frac{(-3)^n+2\cdot3^{n-1}+1}{8}$$

① n이 짝수일 때 $(n=2k)$

$$\frac{3^{2k}+2\cdot3^{2k-1}+1}{8}\equiv\frac{3^{2k-1}(3+2)+1}{8}$$

$$\equiv\frac{3^{2k-1}(5)+1}{8}\equiv\frac{3^{2k-1}(8-3)+1}{8}$$

$$\equiv\frac{-3^{2k}+1}{8}\equiv\frac{-9^k+1}{8}$$

$$\equiv\frac{-(8+1)^k+1}{8}\equiv\frac{-1^k+1}{8}\equiv\frac{0}{8}$$

∴ 나누어 떨어짐

② n이 홀수일 때 $(n=2k-1)$

$$\frac{(-3)^{2k-1}+2\cdot3^{2k-2}+1}{8}\equiv\frac{-3^{2k-1}+2\cdot3^{2k-2}+1}{8}$$

$$\equiv\frac{3^{2k-2}(-3+2)+1}{8}\equiv\frac{-3^{(2k-2)}+1}{8}$$

$$\equiv\frac{-9^{(k-1)}+1}{8}\equiv\frac{-(8+1)^{k-1}+1}{8}$$

$$\equiv \frac{-1^{k-1}+1}{8} \equiv \frac{0}{8}$$

∴ 나누어 떨어짐

이상으로 ①과 ②에 의해

$$\therefore \frac{5^n+2\cdot 3^{n-1}+1}{8} \equiv \frac{0}{8}$$

69

모든 정수 a에 대하여 $\frac{a^7-a}{3} \equiv \frac{0}{3}$임을 증명하시오.

풀이 ① $a=3k$일 때

$$\frac{a^7-a}{3} \equiv \frac{(3k)^7-3k}{3} \equiv \frac{0}{3}$$

② $a=3k+1$일 때

$$\frac{a^7-a}{3} \equiv \frac{(3k+1)^7-(3k+1)}{3} \equiv \frac{1-1}{3} \equiv \frac{0}{3}$$

③ $a=3k+2$일 때

$$\frac{a^7-a}{3} \equiv \frac{(3k+2)^7-(3k+2)}{3} \equiv \frac{2^7-2}{3} \equiv \frac{(-1)^7-2}{3}$$

$$\equiv \frac{-3}{3} \equiv \frac{0}{3}$$

∴ 모든 정수에 대하여 a^7-a는 3으로 나누어 떨어진다.

참고 모든 정수 a에 대하여 $\frac{a^p-a}{p} \equiv \frac{0}{p}$ (단, p는 솟수)

70

$\dfrac{x^n-1}{(x-1)^2}$의 나머지를 구하시오. (단, n은 자연수)

풀이 $\dfrac{x^n-1}{(x-1)^2} \equiv \dfrac{(x-1)(x^{n-1}+x^{n-2}+\cdots+x^2+x+1)}{(x-1)^2}$

$\overset{①}{\equiv} \dfrac{x^{n-1}+x^{n-2}+\cdots+x^2+x+1}{x-1}$

$\equiv \dfrac{(x-1+1)^{n-1}+(x-1+1)^{n-2}+\cdots+(x-1+1)^2+(x-1+1)^1+1}{x-1}$

$\equiv \dfrac{(1^{n-1}+1^{n-2}+\cdots+1^2+1)+1}{x-1} \equiv \dfrac{n}{x-1} \overset{②}{\equiv} \dfrac{n(x-1)}{(x-1)^2}$

처음 ①에서 $(x-1)$을 약분하였으므로 ②에서 다시 $(x-1)$을 곱해 준다.

따라서 나머지는 $n(x-1)$

$\therefore \dfrac{x^n-1}{(x-1)^2} \equiv \dfrac{n(x-1)}{(x-1)^2}$

71

$\dfrac{x^{20}+x^{8}+x^{3}}{x(x^{2}-1)}$의 나머지를 구하시오.

풀이 $\dfrac{x^{20}+x^{8}+x^{3}}{x(x^{2}-1)} \overset{①}{\equiv} \dfrac{x^{19}+x^{7}+x^{2}}{x^{2}-1} \equiv \dfrac{(x^{2})^{9}\cdot x+(x^{2})^{3}\cdot x+x^{2}}{x^{2}-1}$

$\equiv \dfrac{(x^{2}-1+1)^{9}x+(x^{2}-1+1)^{3}x+(x^{2}-1+1)}{x^{2}-1}$

$\equiv \dfrac{x+x+1}{x^{2}-1} \equiv \dfrac{2x+1}{x^{2}-1} \overset{②}{\equiv} \dfrac{x(2x+1)}{x(x^{2}-1)}$

처음 ①에서 x를 약분하였으므로 ②에서 다시 x를 곱해 준다.

따라서 나머지는 $x(2x+1)$

$\therefore \dfrac{x^{20}+x^{8}+x^{3}}{x(x^{2}-1)} \equiv \dfrac{x(2x+1)}{x(x^{2}-1)}$

72

$\dfrac{x^{3m+2}-1}{x^3-1}$**의 나머지를 구하시오. (단, m은 자연수)**

풀이 $\dfrac{(x^3-1+1)^m\cdot x^2-1}{x^3-1}\equiv\dfrac{1^m\cdot x^2-1}{x^3-1}\equiv\dfrac{x^2-1}{x^3-1}$

$\therefore$ 나머지는 x^2-1

73

$n(n+1)(n+2)(n+3)$이 24로 나누어 떨어짐을 증명하시오.
(단, n은 자연수)

풀이 24는 $2^3\times3$으로 인수분해되므로 24 대신
2^3과 3으로 $n(n+1)(n+2)(n+3)$을 나누어 판별하면 된다.

① 2^3인 경우

먼저 n이 짝수일 때는 $(n=2k)$

$$\frac{2k(2k+1)(2k+2)(2k+3)}{8}\equiv\frac{k(2k+1)(k+1)(2k+3)}{2}$$

$$\equiv\frac{k(k+1)(2k+1)(2k+3)}{2}$$

이때 $k(k+1)$은 항상 짝수이므로 나누어 떨어진다.

또한 n이 홀수일 때는 $(n=2k+1)$

$$\frac{(2k+1)(2k+2)(2k+3)(2k+4)}{8}$$

$$\equiv\frac{(2k+1)(k+1)(2k+3)(k+2)}{2}$$

$$\equiv\frac{(k+1)(k+2)(2k+1)(2k+3)}{2}$$

이때 $(k+1)(k+2)$는 항상 짝수이므로 나누어 떨어진다.

∴ 2^3인 경우 나누어 떨어진다.

② 3인 경우

세 수가 차례로 곱하여 있을 경우 3으로 나누어 떨어짐은 당연하다.

즉 $\frac{n(n+1)(n+2)}{6}\equiv\frac{0}{6}$ 또는 $\frac{n(n-1)(n+1)}{6}\equiv\frac{0}{6}$

$\therefore$ 3인 경우 나누어 떨어진다.

이상으로 ①과 ②에 의해

$$\therefore \frac{n(n+1)(n+2)(n+3)}{24} \equiv \frac{0}{24}$$

참고

① $n(n+1)(n+2)$ 또는 $(n-1)n(n+1)$은 6으로 나누어 떨어진다. 그 이유는 두 수가 나란히 있으면 2로 나누어 떨어지고, 또한 세 수가 나란히 있으면 3으로 나누어 떨어지기 때문이다.

② $(n-1)n(n+1)=n(n^2-1)=n^3-n$이므로, n^3-n은 6으로 나누어 떨어진다. 이 수에 6의 배수를 더하면 마찬가지로 그 수는 6으로 나누어 떨어진다.

$$n^3-n+6\mathrm{a}n=n^3+(6\mathrm{a}-1)n$$

$$\therefore n^3+(6\mathrm{a}-1)n \equiv 0 \pmod 6$$

③ $n^5-n=(n-1)n(n+1)(n^2+1)$. 여기서 $(n-1)n(n+1)$이 있으므로 n^5-n은 6으로 나누어 떨어짐이 명백하다. 또한 n^5-n은 5로 나누어도 떨어진다고 한다. 그 이유를 알아보자. 5의 나머지는 0, 1, 2, 3, 4뿐이므로 $n=0, 1, 2, 3, 4$인 경우로 나누어 알아보자.

n^5-n에서 n이 0일 경우는 $\frac{0^5-0}{5} \equiv \frac{0}{5}$

$$\begin{cases} n\text{이 1일 경우는 } \frac{1^5-1}{5} \equiv \frac{0}{5} \\ n\text{이 2일 경우는 } \frac{2^5-2}{5} \equiv \frac{30}{5} \equiv \frac{0}{5} \\ n\text{이 3일 경우는 } \frac{3^5-3}{5} \equiv \frac{(-2)^5+2}{5} \equiv \frac{2^5-2}{5} \equiv \frac{30}{5} \equiv \frac{0}{5} \\ n\text{이 4일 경우는 } \frac{4^5-4}{5} \equiv \frac{-1-4}{5} \equiv \frac{0}{5} \end{cases}$$

따라서 n^5-n이 5로 나누어 떨어지고, 또한 위에서 6으로 나누어 떨어짐을 알고 있으므로 n^5-n은 6×5로 나누어 떨어진다.

74

n이 3의 배수가 아닐 때, $x^{2n}+x^n+1$은 x^2+x+1로 나누어 떨어짐을 증명하시오. (단, x는 자연수)

풀이 $\dfrac{x^{2n}+x^n+1}{x^2+x+1}=\dfrac{(x^{2n}+x^n+1)(x-1)}{(x^2+x+1)(x-1)}=\dfrac{(x^{2n}+x^n+1)(x-1)}{x^3-1}$

① $n=3k+1$일 때

$$\frac{(x^{6k+2}+x^{3k+1}+1)(x-1)}{x^3-1}\equiv\frac{\{(x^3)^{2k}\cdot x^2+(x^3)^k\cdot x+1\}(x-1)}{x^3-1}$$

$$\equiv\frac{\{(x^3-1+1)^{2k}\cdot x^2+(x^3-1+1)^k\cdot x+1\}(x-1)}{x^3-1}$$

$$\equiv\frac{(1^{2k}\cdot x^2+1^k\cdot x+1)(x-1)}{x^3-1}\equiv\frac{(x^2+x+1)(x-1)}{x^3-1}\equiv\frac{x^3-1}{x^3-1}$$

$$\equiv\frac{0}{x^3-1}$$

② $n=3k+2$일 때

$$\frac{(x^{6k+4}+x^{3k+2}+1)(x-1)}{x^3-1}\equiv\frac{\{(x^3)^{2k+1}\cdot x+(x^3)^k\cdot x^2+1\}(x-1)}{x^3-1}$$

$$\equiv\frac{\{(x^3-1+1)^{2k+1}\cdot x+(x^3-1+1)^k x^2+1\}(x-1)}{x^3-1}$$

$$\equiv\frac{(x+x^2+1)(x-1)}{x^3-1}\equiv\frac{x^3-1}{x^3-1}\equiv\frac{0}{x^3-1}$$

참고 $\dfrac{b^n}{a}\equiv\dfrac{(b-a)^n}{a}$

75

m^n과 m^{n+4}의 일의 자리가 같음을 증명하시오.
(단, m, n은 자연수)

힌트 일의 자리가 같은 2개의 수를 관찰해 보자.

72와 32, 115와 25

이 두 수를 빼면 어떻게 되겠는가.

72−32=40, 115−25=90

즉 10으로 나누어 떨어짐을 알 수 있다.

풀이 $\dfrac{m^{n+4}-m^n}{10} \equiv \dfrac{m^n(m^4-1)}{10} \overset{①}{\equiv} \dfrac{m^n(m^4-1)}{5}$

$m^n(m^4-1)$은 항상 짝수이므로 ①이 성립한다. 따라서 분모가 5인 경우만 알아보면 된다.

$\dfrac{m^n(m^4-1)}{5}$에서 $m=5k, 5k+1, 5k+2, 5k+3, 5k+4$로 나누어 알아본다.

① $m=5k$일 때

$\dfrac{(5k)^n\{(5k)^4-1\}}{5} \equiv \dfrac{0}{5}$ ∴ 나누어 떨어짐

② $m=5k+1$일 때

$\dfrac{(5k+1)^n\{(5k+1)^4-1\}}{5} \equiv \dfrac{1^n(1^4-1)}{5} \equiv \dfrac{0}{5}$

∴ 나누어 떨어짐

③ $m=5k+2$일 때

$$\frac{(5k+2)^n\{(5k+2)^4-1\}}{5} \equiv \frac{2^n(2^4-1)}{5} \equiv \frac{2^n \cdot 15}{5} \equiv \frac{0}{5}$$

∴ 나누어 떨어짐

④ $m=5k+3$일 때

$$\frac{(5k+3)^n\{(5k+3)^4-1\}}{5} \equiv \frac{3^n(3^4-1)}{5} \equiv \frac{3^n \cdot 80}{5} \equiv \frac{0}{5}$$

∴ 나누어 떨어짐

⑤ $m=5k+4$일 때

$$\frac{(5k+4)^n\{(5k+4)^4-1\}}{5} \equiv \frac{4^n(4^4-1)}{5} \equiv \frac{4^n\{(5-1)^4-1\}}{5}$$

$$\equiv \frac{4^n\{(-1)^4-1\}}{5} \equiv \frac{0}{5}$$ ∴나누어 떨어짐

이상으로 m^n과 m^{n+4}의 일의 자리가 같다.

76

$2^{ab}-1$이 2^a-1로 나누어 떨어짐을 증명하시오.
(단, a, b는 자연수)

풀이 $$\frac{2^{ab}-1}{2^a-1} \equiv \frac{(2^a)^b-1}{2^a-1} \equiv \frac{(2^a-1+1)^b-1}{2^a-1} \equiv \frac{1^b-1}{2^a-1} \equiv \frac{0}{2^a-1}$$

77

b가 홀수일 때,
$2^{ab}+1$이 2^a+1로 나누어 떨어짐을 증명하시오.
(단, a, b는 자연수)

풀이 $\frac{2^{ab}+1}{2^a+1} \equiv \frac{(2^a)^b+1}{2^a+1} \equiv \frac{(2^a+1-1)^b+1}{2^a+1} \equiv \frac{(-1)^b+1}{2^a+1} \equiv \frac{-1+1}{2^a+1}$

$\equiv \frac{0}{2^a+1}$

78

$\dfrac{2^{2^n}+1}{2^{n+2}+1} \not\equiv \dfrac{0}{2^{n+2}+1}$ **임을 증명하시오. (단 n은 자연수)**

힌트 $\dfrac{2^{ab}+1}{2^a+1} \equiv \dfrac{0}{2^a+1}$ (b는 홀수)

풀이 $\dfrac{2^{2^n}+1}{2^{n+2}+1}$을 $\dfrac{2^{b(n+2)}+1}{2^{n+2}+1}$이라 놓으면

$2^n = b(n+2)$

여기서 좌변이 완전짝수이므로 b도 짝수이어야 한다.

하지만 힌트에서처럼 b가 홀수이어야 나누어 떨어지는 데 반해, 실제 b는 짝수이므로 $2^{2^n}+1$은 $2^{n+2}+1$로 나누어 떨어지지 않는다.

79

$\dfrac{k^8+1}{2^8\cdot k+1}\equiv\dfrac{2^{64}+1}{2^8\cdot k+1}$임을 증명하시오. (단, k는 자연수)

풀이 $\dfrac{k^8+1}{2^8\cdot k+1}\equiv\dfrac{2^{64}(k^8+1)}{2^8\cdot k+1}\equiv\dfrac{(2^8\cdot k)^8+2^{64}}{2^8\cdot k+1}$

$\equiv\dfrac{(2^8\cdot k+1-1)^8+2^{64}}{2^8\cdot k+1}\equiv\dfrac{2^{64}+1}{2^8\cdot k+1}$

80

$$\frac{2^{32}+k^4}{2^8\cdot k+1}\equiv\frac{k^8+1}{2^8\cdot k+1}$$ 임을 증명하시오. (단, k는 자연수)

풀이

$$\frac{2^{32}+k^4}{2^8\cdot k+1}\equiv\frac{k^4(2^{32}+k^4)}{2^8\cdot k+1}\equiv\frac{(2^8\cdot k)^4+k^8}{2^8\cdot k+1}$$

$$\equiv\frac{(2^8\cdot k+1-1)^4+k^8}{2^8\cdot k+1}\equiv\frac{k^8+1}{2^8\cdot k+1}$$

81

$$\frac{2^{2^n-t(n+2)}+(-k)^t}{2^{n+2}\cdot k+1}\equiv\frac{2^{2^n}+1}{2^{n+2}\cdot k+1}$$ 임을 증명하시오.

(단, n, t, k는 자연수)

풀이 $$\frac{2^{2^n-t(n+2)}+(-k)^t}{2^{n+2}\cdot k+1}\equiv\frac{(2^{n+2})^t\cdot 2^{2^n-t(n+2)}+(2^{n+2})^t(-k)^t}{2^{n+2}\cdot k+1}$$

$$\equiv\frac{2^{2^n}+(-2^{n+2}\cdot k)^t}{2^{n+2}\cdot k+1}\equiv\frac{2^{2^n}+(-2^{n+2}\cdot k-1+1)^t}{2^{n+2}\cdot k+1}$$

$$\equiv\frac{2^{2^n}+1^t}{2^{n+2}\cdot k+1}\equiv\frac{2^{2^n}+1}{2^{n+2}\cdot k+1}$$

82

$32-7t>0$인 정수 t에 대하여
$2^{(32-7t)}+(-5)^t$이 항상 641로 나누어 떨어진다고 한다.
예를 들어 확인하시오. (단, $t=0, 1, 2, \cdots$)

풀이 ① $t=0$일 때,

$$\frac{2^{32}+1}{641} \equiv \frac{4294967297}{641} \equiv \frac{641\times6700417}{641} \equiv \frac{0}{641}$$

② $t=1$일 때,

$$\frac{2^{25}-5}{641} \equiv \frac{33554427}{641} \equiv \frac{641\times52347}{641} \equiv \frac{0}{641}$$

③ $t=2$일 때,

$$\frac{2^{18}+25}{641} \equiv \frac{262169}{641} \equiv \frac{641\times409}{641} \equiv \frac{0}{641}$$

④ $t=3$일 때,

$$\frac{2^{11}-5^3}{641} \equiv \frac{1923}{641} \equiv \frac{641\times3}{641} \equiv \frac{0}{641}$$

⑤ $t=4$일 때,

$$\frac{2^4+5^4}{641} \equiv \frac{641}{641} \equiv \frac{0}{641}$$

제 5 장

수론의 기초

수론의 근본

❖ 수론의 근본은 다음 3가지로 한정된다.

① 1이 모든 수의 기반이다.

② 어떤 수도 1로 나누어 떨어진다.

③ 어떤 수도 그 자신으로 나누어 떨어진다.

❖ 수론의 연구는 1, 2, …, 9까지의 자연수를 특징적으로 관찰하는 데서 시작되었다.

① 1은 모든 수의 기반

② 2, 3, 5, 7은 솟수

③ 2는 최초의 짝수

④ 3은 최초의 홀수

⑤ 4, 9는 완전제곱수

⑥ 6은 최초의 완전수

⑦ 8은 최초의 세제곱수

갈릴레오의 생각

❖ 모든 자연수는 그 상대가 되는 제곱수를 하나씩 갖고 있다. 즉 1에는 $1^2=1$, 2에는 $2^2=4$, 3에는 $3^2=9$, …. 이때 자연수에는 끝이 없기 때문에 제곱수에도 끝이 없다.

따라서 자연수의 개수와 제곱수의 개수는 같다고 할 수 있다.

83

1 이외의 자연수는 부족수, 완전수, 과잉수의 3종류로 나뉘어진다. 각각을 설명하시오.

풀이 ① 부족수 : 약수의 합이 자기 자신보다 작은 수
② 완전수 : 약수의 합이 자기 자신과 같은 수
③ 과잉수 : 약수의 합이 자기 자신보다 큰 수

예 ① 6의 약수는 (1, 2, 3) $1+2+3=6$이므로 완전수
② 7의 약수는 (1) 1이므로 부족수
③ 8의 약수는 (1, 2, 4) $1+2+4=7$이므로 부족수
④ 9의 약수는 (1, 3) $1+3=4$이므로 부족수
⑤ 10의 약수는 (1, 2, 5) $1+2+5=8$이므로 부족수
⑥ 11의 약수는 (1) 1이므로 부족수
⑦ 12의 약수는 (1, 2, 3, 4, 6) $1+2+3+4+6=16$이므로 과잉수

84

임의의 자연수를 제곱하면 끝자리 수는 7이 될 수 없음을 증명하시오.

풀이 모든 자연수는 0, 1, 2, 3, …, 9로 이루어져 있으므로 이들만 제곱하여 끝자리 수를 관찰하면 $0^2=0$, $1^2=1$, $2^2=4$, $3^2=9$, $4^2=6$, $5^2=5$, $6^2=6$, $7^2=9$, $8^2=4$, $9^2=1$

따라서 제곱한 수의 끝자리는 0, 1, 4, 5, 6, 9로 이루어져 있음을 알 수 있다.

∴ 제곱한 수의 끝자리는 0, 1, 4, 5, 6, 9

참고 n^a의 끝자리 수 표

n \ a	1	2	3	4	5	6	7	8	9
1	1	1	1	1	1	1	1	1	1
2	2	4	8	6	2	4	8	6	2
3	3	9	7	1	3	9	7	1	3
4	4	6	4	6	4	6	4	6	4
5	5	5	5	5	5	5	5	5	5
6	6	6	6	6	6	6	6	6	6
7	7	9	3	1	7	9	3	1	7
8	8	4	2	6	8	4	2	6	8
9	9	1	9	1	9	1	9	1	9

85

자연수 n이 홀수이면 n^2도 홀수임을 증명하시오.

풀이 n이 홀수이므로 $n=2k+1$이라 놓으면

$$n^2$$
$$\Leftrightarrow (2k+1)^2$$
$$\Leftrightarrow 4k^2+4k+1$$
$$\Leftrightarrow 2(2k^2+2k)+1$$

이 식은 $2M+1$의 형태이므로 홀수이다.
따라서 n이 홀수이면 n^2도 홀수이다.

86

220의 약수를 모두 더하면 284가 되고, 반대로 284의 약수를 모두 더하면 220이 된다고 한다. 확인해 보시오.

풀이 ① 220의 약수는 1, 2, 4, 5, 10, 11, 20, 22, 44, 55, 110이다.

이를 더하면 $1+2+4+5+10+11+20+22+44+55+110$

$\Leftrightarrow 7+15+31+66+165$

$\Leftrightarrow 22+97+165$

$\Leftrightarrow 119+165$

$\Leftrightarrow 284$

② 284의 약수는 1, 2, 4, 71, 142

이를 더하면 $1+2+4+71+142$

$\Leftrightarrow 7+71+142$

$\Leftrightarrow 78+142$

$\Leftrightarrow 220$

참고 (220, 284)와 같은 두 수를 친화수라 부른다.

87

4자리 자연수를 9로 나눈 나머지는, 그 수의 각 자리수를 합하여 9로 나누었을 때의 나머지와 같음을 증명하시오.

힌트 4726을 9로 나누면 나머지는 1이고, 또한 각 자리수의 합을 9로 나누어도 나머지는 1이다.

$$\frac{\text{각 자리수의 합}}{9} \equiv \frac{4+7+2+6}{9} \equiv \frac{19}{9} \equiv \frac{1}{9}$$

풀이 4자리 자연수를 abcd라 하면

$$\frac{abcd}{9} = \frac{a \cdot 1000 + b \cdot 100 + c \cdot 10 + d}{9}$$

$$= \frac{a(999+1)+b(99+1)+c(9+1)+d}{9}$$

$$= a \cdot 111 + b \cdot 11 + c + \frac{a+b+c+d}{9}$$

$$\therefore \frac{abcd}{9} \equiv \frac{a+b+c+d}{9}$$

참고 주어진 문제에서는 4자리 자연수에 대하여만 증명했는데, 어떤 자연수에도 위의 정리가 성립한다.

88

홀수^2=$8k+1$임을 증명하시오. (단, k는 자연수)

풀이 홀수를 $2a+1$이라 놓으면

$(2a+1)^2=4a^2+4a+1$

$=4a(a+1)+1$, $a(a+1)$은 짝수이므로 $a(a+1)=2k$라 놓는다.

$=4\cdot 2k+1$

$=8k+1$

$\therefore$ (홀수)^{2}은 $8k+1$ 형태이다.

89

a(a+1)이 짝수임을 증명하시오. (단, a는 자연수)

풀이 ① a가 짝수일 때,

$a=2k$라 놓으면

$$a(a+1)=2k(2k+1)$$

이것은 2로 나누어 떨어지므로 짝수이다.

② a가 홀수일 때,

$a=2k+1$이라 놓으면

$$a(a+1)=(2k+1)(2k+2)=2(2k+1)(k+1)$$

이것은 2로 나누어 떨어지므로 짝수이다.

이상으로 ①과 ②에 의해서 a(a+1)은 항상 짝수이다.

$$\therefore \frac{a(a+1)}{2} \equiv \frac{0}{2}$$

참고 a(a+1)은 항상 짝수이므로 $2k$라 놓을 수 있다.

90

$\sqrt{9a^2-41}$ 이 정수가 되는 정수 a를 구하시오.

풀이 $\sqrt{9a^2-41}=b$ (단, b는 자연수)

$\Leftrightarrow (3a)^2-41=b^2$

$\Leftrightarrow (3a)^2-b^2=41$

$\Leftrightarrow (3a-b)(3a+b)=41$

우변의 41을 정수의 곱으로 나누는 방법은

1×41, $(-41)\times(-1)$뿐이다.

$$\begin{cases} 3a-b=1 \text{ AND } 3a+b=41 \cdots\cdots\cdots\cdots ① \\ 3a-b=-41 \text{ AND } 3a+b=-1 \cdots\cdots ② \end{cases}$$

①식과 ②식을 풀면, ①식에서는 $a=7$, $b=20$이 되고

②식에서는 $a=-7$, $b=20$이 된다.

$\therefore\ a=\pm7$

91

x, y가 정수일 때,
$xy-5x-3y+8=0$을 만족하는 x, y를 구하시오.

풀이 $xy-5x-3y+8=0$

$\Leftrightarrow (x-3)(y-5)-7=0$

$\Leftrightarrow (x-3)(y-5)=7$

여기서 좌변이 두 수의 곱으로 이루어져 있으므로 우변의 7을 적당히 두 수로 나누어 좌변과 우변을 대응시키면 이 문제를 풀 수 있다.

$$(x-3)(y-5)\overset{①}{=}1\cdot 7\overset{②}{=}7\cdot 1\overset{③}{=}-1\cdot -7\overset{④}{=}-7\cdot -1$$

①의 경우 : $x-3=1$, $y-5=7$이므로 $x=4$, $y=12$

②의 경우 : $x-3=7$, $y-5=1$이므로 $x=10$, $y=6$

③의 경우 : $x-3=-1$, $y-5=-7$이므로 $x=2$, $y=-2$

④의 경우 : $x-3=-7$, $y-5=-1$이므로 $x=-4$, $y=4$

92

a, b, c, d가 서로 다른 정수일 때,
$abcd-4=0$이면 $a+b+c+d=0$임을 증명하시오.

풀이 $abcd=4$

4개의 서로 다른 정수의 곱이 4가 되는 정수는 -2, -1, 1, 2 뿐이다.

$$\{a, b, c, d\}=\{-2, -1, 1, 2\}$$

따라서 $a+b+c+d=0$

93

$x+y=xy$를 만족시키는 자연수 x, y를 구하시오.

풀이 $x=\dfrac{y}{y-1}=\dfrac{y-1+1}{y-1}=1+\dfrac{1}{y-1}$

여기에서 x가 정수가 되려면 $\dfrac{1}{y-1}$이 정수가 되어야 한다.

$\dfrac{1}{y-1}$이 정수가 되려면 $y-1=\pm1$뿐이다.

$y-1=\pm1$에서 $y=0$ 또는 $y=2$이다. $y=0$이면 $x=0$이고, $y=2$이면 $x=2$이다.

$\therefore\ x=2,\ y=2$

참고 $x+y=xy$의 조건을 정수 x, y로 확장하면 $x=0$, $y=0$도 포함된다.

94

$x+y=xy$를 만족하는 자연수 x, y를 구하시오.

풀이 ① $x=y$일 경우

$2x=x^2$에서 $x=0, 2$

이때 x가 자연수이므로, $x=0$은 제외한다.

$\therefore\ x=2,\ y=2$

② $x \neq y$일 경우(a는 자연수)

$x=y+\mathrm{a}$로 놓으면

$x+y=xy$

$\Leftrightarrow 2y+\mathrm{a}=y^2+\mathrm{a}y$

$\Leftrightarrow y^2+(\mathrm{a}-2)y-\mathrm{a}=0$

$$\Leftrightarrow y=\frac{2-\mathrm{a}\pm\sqrt{\mathrm{a}^2+4}}{2}$$

여기서 y가 정수해를 가지려면 a^2+4가 완전제곱수가 되어야 한다.

이 경우 $\mathrm{a}=0$뿐이다. $\mathrm{a}=0$일 때 $y=0$ 또는 $y=2$이다.

$y=0$이면 $x=0$, $y=2$이면 $x=2$

하지만 ②의 조건 $x \neq y$이므로 이 경우 해가 없다.

참고 $\mathrm{a}^2+2^2=\mathrm{b}^2$의 해는 $\mathrm{a}=m^2-n^2$, $2=2mn$, $\mathrm{b}=m^2+n^2$이므로 $mn=1$, 즉 $m=n=1$일 때 a, b가 구해진다.

95

$\frac{1}{x}+\frac{1}{y}=\frac{1}{2}$을 만족하는 정수 x, y를 구하시오. (단, x, $y \neq 0$)

풀이 $\frac{1}{x}+\frac{1}{y}=\frac{1}{2}$

$\Leftrightarrow \frac{x+y}{xy}=\frac{1}{2}$

$\Leftrightarrow 2x+2y=xy$

$\Leftrightarrow x(2-y)=-2y$

$\Leftrightarrow x=\frac{2y}{y-2}$

$\Leftrightarrow x=\frac{2y-4+4}{y-2}$

$\Leftrightarrow x=2+\frac{4}{y-2}$

여기서 x가 정수가 되려면 $\frac{4}{y-2}$가 정수이어야 한다.

즉 $y-2$가 4의 약수이면 된다.

따라서 $y-2=\pm 1,\ \pm 2,\ \pm 4$라 놓고 y를 구하면

$y=3, 1, 4, 0, 6, -2$이며, 이에 대응되는 x는

$x=6, -2, 4, 0, 3, 1$이다.

$\therefore \{(x, y)\}=\{(6, 3), (-2, 1), (4, 4), (3, 6), (1, -2)\}$

96

$(a-1)(b-1)=5a+b$를 만족하는 자연수 a, b를 구하시오.

풀이 $(a-1)(b-1)=5a+b$

$\Leftrightarrow ab-a-b+1=5a+b$

$\Leftrightarrow ab-6a-2b+1=0$

$\Leftrightarrow a(b-6)=2b-1$

$\Leftrightarrow a=\dfrac{2b-1}{b-6}$

$\Leftrightarrow a=\dfrac{2(b-6)+11}{b-6}$

$\Leftrightarrow a=2+\dfrac{11}{b-6}$

여기서 a는 자연수이므로 $\dfrac{11}{b-6}$이 정수가 되어야 한다.

즉 $b-6=\pm 1$ OR $b-6=\pm 11$ 이 식에서 b를 구하면

$b=7, 5, 17, -5$이고, 이에 대응되는 $a=13, -9, 3, 1$

따라서

$\therefore\ (a, b)=(13, 7), (3, 17)$

97

$\frac{a^2+b^2}{ab}$이 정수가 되기 위한 조건을 구하시오.

(단, a, b는 자연수)

풀이 $\frac{a^2+b^2}{ab}=M$ (a, b가 자연수이므로 $M>0$)

$\Leftrightarrow a^2+b^2=abM$

$\Leftrightarrow a^2-Mab+b^2=0$

$\Leftrightarrow a=\frac{bM\pm\sqrt{b^2M^2-4b^2}}{2}$

$\Leftrightarrow a=\frac{bM\pm b\sqrt{M^2-4}}{2}$ ········①

a가 자연수이므로 M^2-4는 완전제곱수가 되어야 한다.

이 경우를 만족하는 M은 2뿐이다. $M=2$일 때 ①에서 $a=b$

$\therefore\ a=b$

98

$n=\sqrt{a^2-2b}$ 에서 a, b가 홀수이면 n이 무리수임을 증명하시오.

풀이 a, b가 홀수이므로 a^2-2b는 홀수이다.

n이 유리수가 되려면 a^2-2b는 완전제곱수가 되어야 한다.

이때 a^2-2b가 홀수이므로,

$a^2-2b=(2p+1)^2$ (p는 자연수)

여기에 $a=2m+1$, $b=2n+1$을 대입하면

$(2m+1)^2-2(2n+1)=(2p+1)^2$

$\Leftrightarrow 4m^2+4m-4n-1=4p^2+4p+1$

$\Leftrightarrow 4m^2+4m-4n=4p^2+4p+2$

$\Leftrightarrow 2m^2+2m-2n=2p^2+2p+1$

$\Leftrightarrow$ 짝수 $\neq$ 홀수

따라서

$\therefore$ a, b가 홀수이면 n은 무리수이다.

99

x가 짝수일 때,

$x^2+2 \neq y^3$임을 증명하시오. (단, y는 자연수)

풀이 $x^2+2=y^3$에서 x가 짝수이므로 y도 짝수이다.

$x=2a$, $y=2b$라 놓으면

$$x^2+2=y^3$$
$$\Leftrightarrow 4a^2+2=8b^3$$
$$\Leftrightarrow 2a^2+1=4b^3$$
$$\Leftrightarrow \text{홀수} \neq \text{짝수}$$

따라서

$\therefore\ x^2+2 \neq y^3$(단, x는 짝수)

참고 $x^2+2=y^3$을 만족하는 자연수 x, y는 단 한가지뿐으로 그 해는 $x=5$, $y=3$이다.

100

양의 실수 x, y에 대하여 $x^n+y^n \leqq 1$이면 $x^{2n}+y^{2n} \leqq 1$임을 증명하시오. (단, n은 자연수)

풀이 $x^n+y^n \leqq 1$

$\Leftrightarrow (x^n+y^n)^2 \leqq 1$

$\Leftrightarrow x^{2n}+y^{2n}+2x^n y^n \leqq 1$

$\Leftrightarrow x^{2n}+y^{2n} \leqq 1-2x^n y^n$

여기에서 $1-2x^n y^n \leqq 1$이므로

$\therefore\ x^{2n}+y^{2n} \leqq 1-2x^n y^n \leqq 1$

제 6 장

수론의 심화

부정방정식

❖ 미지수의 수보다 방정식의 수가 적을 때는 그 해를 정하기가 매우 곤란하다. 이와 같은 방정식을 부정방정식 또는 Diophantus 방정식이라 한다.

예를 들면 $x^3+y^3=z^3$, $x^4+y^4+z^4=t^4$, $x^3+y^3+z^3=3$

일반적으로 부정방정식은 정수 또는 자연수의 조건이 주어진다.

❖ 일반적으로 $ax^2+bxy+cy^2=k$형태의 부정방정식은 Pell의 방정식을 이용하여 모든 해를 구할 수 있다.

$x^2-3y^2=1$을 Pell의 방정식으로 풀면 그 해는 무한히 많다.

101

$x^2+2=y^3$을 만족시킬 수 있는 자연수 x, y는 최소한 $x=2k+1$, $y=8k'+3$의 형태가 되어야 함을 증명하시오.

힌트 $x^2+2=y^3$에서 x가 짝수일 때와 홀수일 때로 나누어 푼다.

① x가 짝수이면 y는 짝수

② x가 홀수이면 y는 홀수

풀이 ① $x=2a$, $y=2b$일 때,

$x^2+2=y^3$

$\Leftrightarrow 4a^2+2=8b^3$

$\Leftrightarrow 2a^2+1=4b^3$

$\Leftrightarrow$ 홀수 $\neq$ 짝수

$\therefore$ 해가 없다.

② $x=2a+1$일 때,

좌변 : $x^2+2=(2a+1)^2+2=4a^2+4a+3=4a(a+1)+3$

이때 $a(a+1)$은 항상 짝수이므로 $a(a+1)=2k$라 놓으면 좌변의 x^2+2는 $8k+3$의 형태가 된다.

좌변이 $8k+3$의 형태이면 우변 또한 $8k'+3$ 형태이어야 하므로 우변의 y도 $8k'+3$의 형태가 된다.

$\therefore x=2k+1$, $y=8k'+3$

102

$x^2+4=y^3$을 만족시킬 수 있는 자연수 x, y는 최소한 $x=4k+2$, $y=8k'+2$, 또는 $x=2k+1$, $y=8k'+5$의 형태임을 증명하시오.

풀이 ① $x=2a$, $y=2b$일 때,

$x^2+4=y^3$

$\Leftrightarrow 4a^2+4=8b^3$

$\Leftrightarrow a^2+1=2b^3$

우변이 짝수이므로 좌변도 짝수이다. 따라서 $a=2k+1$

$a=2k+1$일 때, $b=4k'+1$

따라서 $x=2a=4k+2$, $y=2b=8k'+2$

$\therefore\ x=4k+2$, $y=8k'+2$

② $x=2a+1$일 때,

좌변 : $x^2+4=(2a+1)^2+4=4a^2+4a+5=4a(a+1)+5$

이때 $a(a+1)$은 항상 짝수이므로 $a(a+1)=2k$라 놓으면 좌변의 x^2+4는 $8k+5$의 형태가 된다.

좌변이 $8k+5$의 형태이면, 우변 또한 $8k'+5$의 형태이어야 하므로 우변의 y도 $8k'+5$의 형태가 된다.

$\therefore\ x=2k+1$, $y=8k'+5$

참고 $x^2+4=y^3$을 만족하는 양의 정수는 단 두 가지뿐으로 그 해는 $x=2$, $y=2$ 그리고 $x=11$, $y=5$이다.

103

$x^2-17=y^3$을 만족시킬 수 있는 자연수 x, y의 형태를 찾으시오.
(단, x, y는 $ak+b$형태일 것)

풀이 ① x가 짝수일 때, $x=2a$이라 놓으면 좌변은

$$x^2-17=4a^2-17=4(a^2-4)-1$$

$a^2-4=k$라 놓으면 $4k-1$

따라서 우변 또한 같은 형이어야 하므로 y는 $4k-1$형태이다.

$\therefore\ x=2a,\ y=4k-1(=4k+3)$

② x가 홀수일 때, $x=2a+1$라 놓으면 좌변은

$$x^2-17=4a^2+4a-16=4a(a+1)-16$$

$a(a+1)$은 짝수이므로 $2k$라 놓으면

$$8k-16=8(k-2)=2^3(k-2)$$

이때 $k-2$도 k'로 간단히 놓을 수 있으므로

$$2^3(k-2)=2^3k'$$

따라서 우변 또한 같은 형이어야 하므로 y는 $2k'$형이다.

$\therefore\ x=2a+1,\ y=2k$

참고 $x^2-17=y^3$을 만족시키는 자연수를 구해 보자.

① $x=2a,\ y=4k-1$에서 $y=-1,\ x=4$

② $x=2a+1,\ y=2k$에서 $y=2,\ x=5$ 또는 $y=4,\ x=9$

104

$x^2=24k+1$일 때, x의 형태를 구하시오.

풀이 $x^2=24k+1$에서 우변이 홀수이므로 좌변을 $x=2a+1$이라 놓아야 한다.

$\Leftrightarrow (2a+1)^2=24k+1$

$\Leftrightarrow 4a^2+4a=24k$

$\Leftrightarrow a^2+a=6k$

먼저 양변 모두 2로 나누어지므로 3의 경우만 생각하면

$$\frac{a^2+a}{3}\equiv\frac{0}{3}$$

$$\Leftrightarrow \frac{a(a+1)}{3}\equiv\frac{0}{3}$$

① $a=3m$일 때, $x=6m+1$

② $a+1=3m$일 때, $x=6m-1$

따라서 $x^2=24k+1$의 x형은 $24k'+1$가 아니라 $6k'\pm1$이다.

105

$x^2-3y^2=1$을 만족시키는 정수해가 무한히 많다고 한다. 세 쌍을 찾아보시오.

풀이

$$x^2-3y^2=1$$

$$\Leftrightarrow x^2-1=3y^2$$

$$\Leftrightarrow \frac{x^2-1}{3}\equiv\frac{0}{3}$$

이 식을 만족시키려면 x는 $3k\pm1$이다.

① $x=3k-1$일 때,

$x=3k-1$이면 $x^2-3y^2=1$에서 $y^2=k(3k-2)$

만약 $k=\mathrm{M}^2$이라 놓으면

$x=3\mathrm{M}^2-1$ 그리고 $y^2=\mathrm{M}^2(3\mathrm{M}^2-2)$

이 때 $3\mathrm{M}^2-2=\mathrm{N}^2$이면 해가 구해진다.

그 해는 $\mathrm{M}=11$, $\mathrm{N}=19$이며, 이때 $x=362$, $y=209$이다.

$\therefore$ $x=362$, $y=209$

② $x=3k+1$일 때,

k에 차례대로 정수를 대입해 보면

$k=0$이면 $x=1$, $y=0$

$k=1$이면 $x=4$, $y=\pm\sqrt{5}$

$k=2$이면 $x=7$, $y=\pm4$

이상으로 ①과 ②에 의해서

$\therefore$ $(x, y)=(1, 0), (7, \pm4), (362, 209)$

106

$x^2-3y^2=1$을 만족시키는 양의 정수해가 무한히 많다고 한다. 그 해를 찾아보시오.

풀이

$$x^2-3y^2=1$$
$$\Leftrightarrow x^2=1+3y^2$$
$$\Leftrightarrow (x-1)(x+1)=3y^2$$

여기서 모든 합성수는 두 수의 곱으로 나타낼 수 있으므로

$y=\mathrm{ab}$라 놓으면(단, $y \neq 0$)

$$(x-1)(x+1)=3\mathrm{a}^2\mathrm{b}^2$$

이 때 좌우변을 적당히 나누면 다음 2가지로 나눌 수 있다.

① $x-1=\mathrm{a}^2,\ x+1=3\mathrm{b}^2$

② $x-1=3\mathrm{a}^2,\ x+1=\mathrm{b}^2$

①과 ②에서 각각 x를 소거하면

$$\begin{cases} \mathrm{a}^2+2=3\mathrm{b}^2 \\ 3\mathrm{a}^2+2=\mathrm{b}^2 \end{cases}$$

이 두 식을 각각 만족시키는 a, b를 구하면 된다.

$\mathrm{a}^2+2=3\mathrm{b}^2$을 만족시키는 (a, b)는

(1, 1), (5, 3), (19, 11), (71, 41)

따라서 (x, y)는

∴ (2, 1), (26, 15), (362, 209), (5042, 2911)

107

$4n+1=a^2+b^2$인 n을 구하시오. (단, n, a, b는 자연수)

풀이 $4n+1=a^2+b^2$

좌변이 홀수이므로 우변도 홀수이어야 한다.

즉 $a=2m$, $b=2p+1$로 놓으면

$$4n+1=a^2+b^2$$
$$\Leftrightarrow 4n+1=(2m)^2+(2p+1)^2$$
$$\Leftrightarrow 4n+1=4m^2+4p^2+4p+1$$
$$\Leftrightarrow n=m^2+p^2+p$$

$\therefore$ $a=2m$, $b=2p+1$, $n=m^2+p^2+p$

예 $m=1$, $p=3$이면

$a=2$, $b=7$, $n=13$

108

$4n-1 \neq a^2+b^2$임을 증명하시오. (단, n, a, b는 자연수)

풀이 $4n-1=a^2+b^2$이라 놓는다.

좌변이 홀수이므로 우변도 홀수이어야 한다.

즉 $a=2m$, $b=2p+1$로 놓으면

$$4n-1=a^2+b^2$$
$$\Leftrightarrow 4n-1=(2m)^2+(2p+1)^2$$
$$\Leftrightarrow 4n-1=4m^2+4p^2+4p+1$$
$$\Leftrightarrow 4n=4m^2+4p^2+4p+2$$
$$\Leftrightarrow 2n=2m^2+2p^2+2p+1$$

이 때 좌변은 짝수이고 우변은 홀수이므로

좌변 $\neq$ 우변

따라서

$\therefore\ 4n-1 \neq a^2+b^2$

109

$a^2+b^2=c^2+1$을 만족하는 정수 a, b, c를 구하시오.

풀이 $(x-y)^2=x^2-2xy+y^2$

$x=2ym^2$이면 (단 $y\neq 0$)

$\Leftrightarrow (2ym^2-y)^2=(2ym^2)^2-4y^2m^2+y^2$, 양변을 y^2으로 나눈다.

$\Leftrightarrow (2m^2-1)^2=(2m^2)^2-(2m)^2+1$

$\Leftrightarrow (2m)^2+(2m^2-1)^2=(2m^2)^2+1$

$\Leftrightarrow a=2m,\ b=2m^2-1,\ c=2m^2$

예 ① $m=0$이면 $a=0, b=-1, c=0,\quad 0^2+(-1)^2=0^2+1$

② $m=1$이면 $a=2, b=1, c=2,\quad 2^2+1^2=2^2+1$

③ $m=2$이면 $a=4, b=7, c=8,\quad 4^2+7^2=8^2+1$

④ $m=3$이면 $a=6, b=17, c=18,\quad 6^2+17^2=18^2+1$

110

$a^2=b^2+c^2+1$을 만족하는 정수 a, b, c를 구하시오.

풀이 $(x+y)^2=x^2+2xy+y^2$

$x=2ym^2$이면 $(y \neq 0)$

$\Leftrightarrow (2ym^2+y)^2=(2ym^2)^2+4y^2m^2+y^2$, 양변을 y^2으로 나눈다.

$\Leftrightarrow (2m^2+1)^2=(2m^2)^2+(2m)^2+1$

$\Leftrightarrow a=2m^2+1,\ b=2m^2,\ c=2m$

예 $m=0$이면 $1^2=0^2+0^2+1$

$m=1$이면 $3^2=2^2+2^2+1$

$m=2$이면 $9^2=8^2+4^2+1$ ·········①

$m=3$이면 $19^2=18^2+6^2+1$ ·····②

참고 ①에서 ②을 빼면

$9^2-19^2=8^2+4^2-18^2-6^2$

$\therefore\ 18^2+9^2+6^2=19^2+8^2+4^2$

111

$x^2+y^2=(y+1)^2$을 만족하는 정수 x, y를 구하시오.

풀이 $x^2+y^2=(y+1)^2$

$\Leftrightarrow x^2+y^2=y^2+2y+1$

$\Leftrightarrow x^2=2y+1$

$2y+1$이 홀수이므로 x도 홀수이다.

$x=2m+1$이라 놓으면

$\Leftrightarrow (2m+1)^2=2y+1$

$\Leftrightarrow 4m^2+4m+1=2y+1$

$\Leftrightarrow y=2m^2+2m$

$\therefore\ x=2m+1,\ y=2m^2+2m=2m(m+1)$

예 $m=0$이면 $x=1,\ y=0,\quad 1^2+0^2=1^2$

$m=1$이면 $x=3,\ y=4,\quad 3^2+4^2=5^2$

$m=2$이면 $x=5,\ y=12,\quad 5^2+12^2=13^2$

$m=3$이면 $x=7,\ y=24,\quad 7^2+24^2=25^2$

112

$2a^2+b^2=c^2$을 만족하는 자연수 a, b, c를 찾으시오.
(단, $a>2$인 솟수)

풀이 $2a^2+b^2=c^2$

$\Leftrightarrow 2a^2=c^2-b^2$

$\Leftrightarrow 2a^2=(c-b)(c+b)$

여기에서 좌우변을 적당히 분배한다.

① $c-b=1, c+b=2a^2$일 때,

$c=\frac{2a^2+1}{2}=a^2+\frac{1}{2}$에서 c는 자연수가 아니므로 해가 없다.

② $c-b=2, c+b=a^2$일 때,

$c=1+\frac{a^2}{2}$, a가 짝수이면 된다.

③ $c-b=a, c+b=2a$일 때,

$c=a+\frac{a}{2}$, a가 짝수이면 된다.

이상으로 ②와 ③에서 a가 짝수이면 b와 c를 구할 수 있다.

예 $a=2$이면 $c=3, b=1$

$a=4$이면 $c=9, b=7$ 또는 $c=6, b=2$

$a=6$이면 $c=19, b=17$ 또는 $c=9, b=3$

113

$(홀수_1)^2+(홀수_2)^2 \neq (짝수)^2$임을 증명하시오.

풀이 $홀수_1=2a+1$, $홀수_2=2b+1$, $짝수=2c$라 놓으면

$$(2a+1)^2+(2b+1)^2=(2c)^2$$

$$\Leftrightarrow 4a^2+4a+4b^2+4b+2=4c^2$$

$$\Leftrightarrow 2a^2+2a+2b^2+2b+1=2c^2$$

$$\Leftrightarrow 2(a^2+a+b^2+b)+1=2c^2$$

$$\Leftrightarrow 홀수 \neq 짝수$$

$\therefore (홀수)^2+(홀수)^2 \neq (짝수)^2$

114

$a=m^2+n^2$, $b=m^2-n^2$, $c=2mn$일 때,
$a^2=b^2+c^2$임을 증명하시오.

풀이 $a^2=b^2+c^2$

$\Leftrightarrow (m^2+n^2)^2=(m^2-n^2)^2+(2mn)^2$

$\Leftrightarrow (m^2+n^2)^2=m^4+n^4-2m^2n^2+4m^2n^2$

$\Leftrightarrow (m^2+n^2)^2=m^4+n^4+2m^2n^2$

$\Leftrightarrow (m^2+n^2)^2=(m^2+n^2)^2$

예 ① $m=2$, $n=1$이면
$a=5$, $b=3$, $c=4$

② $m=4$, $n=3$이면
$a=25$, $b=7$, $c=24$

③ $m=6$, $n=5$이면
$a=61$, $b=11$, $c=60$

115

$l^2=m^2+n^2$을 만족하는 정수 l, m, n을 구하시오.

풀이 $l=x,\ m=x-a,\ n=x-b(a, b>0)$라 놓으면

$$l^2=m^2+n^2$$

$$\Leftrightarrow x^2=(x-a)^2+(x-b)^2 \cdots\cdots ①$$

$$\Leftrightarrow x^2=x^2-2ax+a^2+x^2-2bx+b^2$$

$$\Leftrightarrow 0=x^2-2(a+b)x+a^2+b^2$$

$$\Leftrightarrow x=a+b\pm\sqrt{(a+b)^2-a^2-b^2}$$

$$\Leftrightarrow x=a+b\pm\sqrt{2ab}$$

①식에 $x=a+b\pm\sqrt{2ab}$를 대입하면,

$$(a+b\pm\sqrt{2ab})^2=(b\pm\sqrt{2ab})^2+(a\pm\sqrt{2ab})^2$$

괄호 안의 값이 정수가 되어야 하므로, 2ab는 완전제곱수이어야 한다.

따라서 $a=2b\alpha^2$으로 놓고 위 식에 대입하면,

$$\Leftrightarrow (2b\alpha^2+b\pm 2b\alpha)^2=(b\pm 2b\alpha)^2+(2b\alpha^2\pm 2b\alpha)^2$$

$$\Leftrightarrow (2\alpha^2\pm 2\alpha+1)^2=(1\pm 2\alpha)^2+(2\alpha^2\pm 2\alpha)^2$$

$$\Leftrightarrow (2\alpha^2\pm 2\alpha+1)^2=(2\alpha\pm 1)^2+(2\alpha^2\pm 2\alpha)^2$$

$$\therefore \begin{cases} l=2\alpha^2+2\alpha+1,\ m=2\alpha+1,\ n=2\alpha^2+2\alpha \\ l=2\alpha^2-2\alpha+1,\ m=2\alpha-1,\ n=2\alpha^2-2\alpha \end{cases}$$

예 $l=2\alpha^2+2\alpha+1,\ m=2\alpha+1,\ n=2\alpha^2+2\alpha$일 경우

① $\alpha=1$이면 $l=5,\ m=3,\ n=4\ (5^2=3^2+4^2)$

② $a=2$이면 $l=13, m=5, n=12$ $(13^2=5^2+12^2)$

③ $a=3$이면 $l=25, m=7, n=24$ $(25^2=7^2+24^2)$

$l=2a^2-2a+1,\ m=2a-1,\ n=2a^2-2a$일 경우

① $a=1$이면 $l=1, m=1, n=0$ $(1^2=1^2+0^2)$

② $a=2$이면 $l=5, m=3, n=4$ $(5^2=3^2+4^2)$

③ $a=3$이면 $l=13, m=5, n=12$ $(13^2=5^2+12^2)$

116

$x^2-1=(x-1)(x+1)$에서 우변 $(x-1)$이 $(x+1)q^2$이면
다음 식이 유도된다.
$x^2-1=\{(x+1)q\}^2$ (단, $q \neq 1$)
이것을 이용하여 피타고라스 수를 구하시오.

풀이 $(x-1)=(x+1)q^2$이므로 x에 대하여 풀면

$$\therefore\ x=\frac{1+q^2}{1-q^2}$$

이것을 $x^2-1=\{(x+1)q\}^2$에 대입하면

$$\left(\frac{1+q^2}{1-q^2}\right)^2-1=\left\{\left(\frac{1+q^2}{1-q^1}+1\right)q\right\}^2$$

$$\Leftrightarrow\left(\frac{1+q^2}{1-q^2}\right)^2-1=\left(\frac{2q}{1-q^2}\right)^2$$, 양변에 $(1-q^2)^2$을 곱하면

$$\Leftrightarrow(1+q^2)^2-(1-q^2)^2=(2q)^2$$

$$\Leftrightarrow(1+q^2)^2=(1-q^2)^2+(2q)^2$$

$$\Leftrightarrow(q^2+1)^2=(q^2-1)^2+(2q)^2$$

① $q=2$이면 $5^2=3^2+4^2$

② $q=3$이면 $10^2=8^2+6^2 \Leftrightarrow 5^2=4^2+3^2$

③ $q=4$이면 $17^2=15^2+8^2$

④ $q=5$이면 $26^2=24^2+10^2 \Leftrightarrow 13^2=12^2+5^2$

117

정수 $0 \leqq a \leqq 9$에 대하여
$a^2+b^2=c^2$을 만족하는 자연수 b, c를 구하시오.

풀이 $a=2mn$, $b=m^2-n^2$, $c=m^2+n^2$을 이용한다.

예를 들면 $2mn=10$일 때, $mn=5$이므로 $m=5$, $n=1$이다

따라서 $b=24$, $c=26$을 구할 수 있다.

$\therefore\ 10^2+24^2=26^2$

이런 식으로 a, b, c를 구하면 된다. 그 해는 다음과 같다.

$0^2+0^2=0^2$

$1^2+0^2=1^2$

$2^2+0^2=2^2$

$3^2+4^2=5^2$

$4^2+3^2=5^2$

$5^2+12^2=13^2$

$6^2+8^2=10^2$

$7^2+24^2=25^2$

$8^2+15^2=17^2$

$9^2+12^2=15^2$, $9^2+40^2=41^2$

$10^2+24^2=26^2$

118

$a^2=b^2+c^2$이면 $(a^2)^2=(b^2-c^2)^2+(2bc)^2$임을 이용하여 세번째 단계의 수식을 구하시오.

① $5^2=3^2+4^2=25$

② $25^2=7^2+24^2=625$

③ $625^2=?$

풀이 ②→③으로의 과정을 고려해 보면

$a^2=b^2+c^2$은 $25^2=7^2+24^2$과 대응되므로

$a=25$, $b=7$, $c=24$이다.

따라서 $(a^2)^2=(b^2-c^2)+(2bc)^2$

$\Leftrightarrow (25^2)^2=(7^2-24^2)^2+(2\cdot 7\cdot 24)^2$

$\Leftrightarrow 625^2=527^2+336^2$

$\therefore\ 625^2=527^2+336^2=390625$

119

다음 변환규칙을 알아내어 네번째 단계의 수식을 구하시오.

① $5^2=3^2+4^2$

② $25^2=15^2+20^2=7^2+24^2$

③ $125^2=75^2+100^2=35^2+120^2=44^2+117^2$

④ ?

풀이 ①→②, ②→③으로의 과정은 양변에 5^2을 곱한 것이고, 각 단계의 마지막 항, 즉 3^2+4^2, 7^2+24^2, 44^2+117^2은 공식

$$(a^2+b^2)^2=(a^2-b^2)^2+(2ab)^2$$

을 이용하여 구한다.

네번째 단계의 수식은 다음과 같다.

$$625^2=375^2+500^2=175^2+600^2=220^2+585^2=527^2+336^2$$

이때 마지막 항인 527^2+336^2은 $625=25^2=a^2+b^2$에서 a, b를 구하여 $(a^2-b^2)^2+(2ab)^2$에 대입하여 얻어낸 것이다.

직접 a, b를 구하면 $a=24$, $b=7$이다.

$\therefore\ 625^2=375^2+500^2=175^2+600^2=220^2+585^2=527^2+336^2$

120

$x^2 - my^2 = 1$이 무한개의 정수해를 가짐을 증명하시오.

풀이 $x^2 - my^2 = 1$을 인수분해하면 $(x-1)(x+1) = my^2$이다.

여기서 양변을 적당히 분배하면 문제를 풀 수 있다.

① $x-1=1,\ x+1=my^2$일 때,

$x=2,\ m=3,\ y=\pm 1$

② $x-1=my^2,\ x+1=1$일 때,

$x=0,\ m=-1,\ y=\pm 1$

③ $x-1=y,\ x+1=my$일 때,

$x=2,\ m=3,\ y=1$ (참고, $y=\pm 1$일 때도 성립)

$x=3,\ m=2,\ y=2$ (참고, $y=\pm 2$일 때도 성립)

$x=0,\ m=-1,\ y=-1$ (참고, $y=\pm 1$일 때도 성립)

$x=1,\ m=0,\ y=-2$ (참고, $y=$모든 수일 때도 성립)

④ $x-1=my,\ x+1=y$일 때,

$x=0,\ m=-1,\ y=1$ (참고, $y=\pm 1$일 때도 성립)

$x=1,\ m=0,\ y=2$ (참고, $y=$모든 수일 때도 성립)

$x=-2,\ m=3,\ y=-1$ (참고, $y=\pm 1$일 때도 성립)

$x=-3,\ m=2,\ y=-2$ (참고, $y=\pm 2$일 때도 성립)

⑤ $x-1=m,\ x+1=y^2$일 때, (y를 k라 놓는다.)

$x=k^2-1,\ m=k^2-2,\ y=k$

(참고, $x=\pm(k^2-1),\ y=\pm k$일 때도 성립)

121

$(a^2+b^2)(c^2+d^2)$을 두 개의 제곱의 합으로 나타내시오.

풀이 $(a^2+b^2)(c^2+d^2)$

$=a^2c^2+a^2d^2+b^2c^2+b^2d^2$

$=a^2c^2+2abcd+b^2d^2+a^2d^2-2abcd+b^2c^2$

$=(ac+bd)^2+(ad-bc)^2$

122

다음 공식을 검토해 보시오.

$$(a^2+b^2+c^2+d^2)(x^2+y^2+z^2+w^2)$$
$$=(ax-by-cz-dw)^2+(ay+bx+cw-dz)^2$$
$$+(az-bw+cx+dy)^2+(aw+bz-cy+dx)^2$$

풀이 수식을 전개하면 좌변과 우변이 같아진다.(이하 생략)

참고 $(a^2+b^2+c^2)(x^2+y^2+z^2)$
$=(ax-by-cz)^2+(ay+bx)^2+(az+cx)^2+(bz-cy)^2$

123

$x^3+y^3+z^3=3$을 만족하는 정수 x, y, z를 구하시오.

풀이 이 부정방정식의 해는 현재까지 다음 2가지가 알려져 있을 뿐이다.

① $x=y=z=1$

② $x=y=4, z=-5$

참고 수론분야에서 「$x^n+y^n+z^n=$정수」를 만족시키는 정수 x, y, z를 찾는 것은 아직도 미해결 상태이다.

124

$a^3+(a-1)^3=(a+2)^3+(a-9)^3$을 만족하는 정수 a를 구하시오.

풀이 $a^3+(a-1)^3=(a+2)^3+(a-9)^3$

$\Leftrightarrow a^3+a^3-3a(a-1)-1=a^3+6a(a+2)+8+a^3-27a(a-9)-9^3$

$\Leftrightarrow 2a^3-3a^2+3a-1=a^3+6a^2+12a+8+a^3-27a^2+243a-729$

$\Leftrightarrow 2a^3-3a^2+3a-1=2a^3-21a^2+255a-721$

$\Leftrightarrow 18a^2-252a+720=0$

$\Leftrightarrow a^2-14a+40=0$

$\Leftrightarrow (a-4)(a-10)=0$

$\Leftrightarrow a=4, a=10$

① $a=4$일 때,

$4^3+3^3=6^3+(-5)^3$

$\Leftrightarrow 3^3+4^3+5^3=6^3$

② $a=10$일 때,

$10^3+9^3=12^3+1^3$

$\therefore$ $a=4, 10$

125

$b=9ak^3$일 때, 다음 식을 단순화하시오.

$a^3+b^3=(a+b)^3-3ab(a+b)$

풀이 $b=9ak^3$을 대입하면

$$a^3+(9ak^3)^3=(a+9ak^3)^3-3a\cdot 9ak^3(a+9ak^3)$$

이 식을 a^3으로 나누면

$$1+(9k^3)^3=(1+9k^3)^3-27k^3(1+9k^3)$$

$$\Leftrightarrow 1+(9k^3)^3+(3k)^3(1+9k^3)=(1+9k^3)^3$$

참고 $(1+9k^3)$이 세제곱수가 되는 k를 찾아보자.

만약 $k=-1$이면 $(1+9k^3)=-8=(-2)^3$

$k=-1$을 위 식에 대입하면

$$1+(-9)^3+(-3)^3(-2)^3=\{(-2)^3\}^3$$

$$\Leftrightarrow 1-9^3+6^3=-8^3$$

$$\Leftrightarrow 1^3+6^3+8^3=9^3$$

126

실수 x, a에 대하여
$(x-a)^3+1=x^3$을 만족하기 위한 a의 범위를 구하시오.
(단, $x \geqq 0$, $a>0$, $x-a \geqq 0$)

풀이 $(x-a)^3+1=x^3$

$\Leftrightarrow 3ax^2-3a^2x+a^3-1=0$

$\Leftrightarrow x=\dfrac{3a^2 \pm \sqrt{12a-3a^4}}{6a}$

① x가 실수이려면 판별식 $D \geqq 0$

$12a-3a^4 \geqq 0$

$\Leftrightarrow 3a(4-a^3) \geqq 0$

$\Leftrightarrow 0<a^3 \leqq 4$ (단, $a>0$)

② 문제조건에서 $x-a \geqq 0$이므로

$x-a \geqq 0$ (단, $x \geqq 0, a>0$)

$\Leftrightarrow \dfrac{3a^2 \pm \sqrt{12a-3a^4}}{6a}-a \geqq 0$

$\Leftrightarrow \dfrac{-3a^2 \pm \sqrt{12a-3a^4}}{6a} \geqq 0$

$\Leftrightarrow \dfrac{-3a^2+\sqrt{12a-3a^4}}{6a} \geqq 0$

$\Leftrightarrow \sqrt{12a-3a^4} \geqq 3a^2$

$\Leftrightarrow 12a-3a^4 \geqq 9a^4$

$\Leftrightarrow 12a-12a^4 \geqq 0$

$\Leftrightarrow a(1-a^3) \geqq 0$

$\Leftrightarrow 0<a^3 \leqq 1$

이상으로 ①과 ②의 결과에서 $0<a^3\leq 1$

$\therefore\ 0<a\leq 1$

참고 $(x-a)^3+1=x^3$을 만족하는 정수 a는 1뿐이다.

즉 $a=1$일 때, $x=0$ 또는 $x=1$이다.

127

양의 정수 x, y, z에 대하여
$x^4+y^4 \neq z^2$을 증명하시오.

풀이 $x^4+y^4=z^2$을 만족하는 x, y, z 중에서 z가 최소일 때의 x, y, z를 x_0, y_0, z_0라고 가정하자.

$x_0^4+y_0^4=z_0^2$………①

가정에서 x_0, y_0은 서로 소이고, ①식이 성립하려면 x_0, y_0 중 하나만이 홀수이며, z_0이 홀수이어야 한다.

이제 y_0이 짝수라면 ①식을 만족하는 x_0, y_0, z_0은

$x_0^2=a^2-b^2$………②

$y_0^2=2ab$…………③

$z_0=a^2+b^2$………④

(단 $a>b>0$, a, b는 서로 소, a, b 중 하나만이 홀수)

②식에서 a는 홀수, b는 짝수임을 알 수 있다. ②식의 해를 구하면

$x_0^2+b^2=a^2$에서

$a=A^2+B^2$, $b=2AB$, $x_0=A^2-B^2$……⑤

(단 $A>B>0$, A, B는 서로 소, A, B 중 하나만이 홀수)

이 식을 ③식에 대입하면

$y_0^2=2ab$

$\Leftrightarrow y_0^2=2(A^2+B^2)(2AB)$

$\Leftrightarrow y_0^2=4AB(A^2+B^2)$……⑥

이미 ⑤식의 조건에서 A, B가 서로 소라고 했으므로

A와 (A^2+B^2), B와 (A^2+B^2)도 서로 소이다.

따라서 ⑥식이 성립하려면 A, B,(A^2+B^2) 모두 제곱수이어야 한다.

즉, $A=p^2$……⑦

$B=q^2$……⑧

$A^2+B^2=r^2$……⑨

⑦, ⑧식을 ⑨식에 대입하면

$A^2+B^2=r^2$

$\Leftrightarrow p^4+q^4=r^2$

이제 위의 ④, ⑤, ⑨식 간의 관계를 살펴보면

$a<a^2+b^2$

$\Leftrightarrow a<z_0$ (④식)

$\Leftrightarrow A^2+B^2<z_0$ (⑤식)

$\Leftrightarrow r^2<z_0$ (⑨식)

$\Leftrightarrow r<r^2<z_0$……⑩

위에서 $x^4+y^4=z^2$을 만족하는 해 중에서 z가 최소일 때의 해를 x_0, y_0, z_0라 가정하였는데, ⑩식에서는 z_0보다 더 작은 r이 존재함을 알 수 있다. 이것은 가정에 위반되므로 $x^4+y^4\neq z^2$이다.

참고 ① $a^4+b^4=c^4$은 $a^4+b^4=(c^2)^2$이므로

$c^2=d$라 놓으면 $a^4+b^4=d^2$

하지만 $x^4+y^4\neq z^2$이므로 $a^4+b^4\neq d^2$ 즉 $a^4+b^4\neq c^4$

② 문제풀이의 결과를 보면

$x_0^4+y_0^4=z_0^2$의 해가 존재하려면 이보다 작은

$p^4+q^4=r^2$의 해가 존재하여야 하고

또한 $p^4+q^4=r^2$의 해가 존재하려면 이보다 작은

$l^4+m^4=n^2$의 해가 존재하여야 한다.

⋮

이 과정이 무한히 반복됨을 알 수 있는데, 양의 정수는 무한히 작을 수는 없으므로 결국 모순에 도달하게 된다.

$$x_0^4+y_0^4=z_0^2>p^4+q^4=r^2>l^4+m^4=n^2>\cdots\cdots>0$$

따라서 $x_0^4+y_0^4 \neq z_0^2$임을 알 수 있다.

③ 페르마의 대정리는 1993년 6월 미국의 프린스턴 대학 수학과 교수인 앤드류 와일스에 의해 증명되었다.

128

$x^4+y^4+z^4=t^4$에서 지금까지 알려진 양의 정수해를 찾아보시오.

풀이 ① $95800^4+217519^4+414560^4=422481^4$

② $2682440^4+15365639^4+18796760^4=20615673^4$

129

다음 식이 맞는지 계산해 보시오.

$95800^4+217519^4+414560^4=422481^4$

풀이 $95800^4+414560^4=422481^4-217519^4$

우변은 $a^4-b^4=(a^2-b^2)(a^2+b^2)=(a-b)(a+b)(a^2+b^2)$를 이용하여 계산한다.

① $95800^4=958^4\times100^4=917764^2\times10^8=(917000+764)^2\times10^8$
$=\{917000^2+764^2+2(917000\times764)\}\times10^8$
$=(840889000000+583696+1401176000)\times10^8$
$=842290759696\times10^8$

② $414560^4=41456^4\times10^4=1718599936^2\times10^4$
$=(1718500000+99936)^2\times10^4$
$=(295324225\times10^{10}+9987204096+3434800320\times10^5)\times10^4$
$=2953585740019204096\times10^4$

③ $95800^4+414560^4=2962008647616164096\times10^4$

④ $422481^4-217519^4=(422481-217519)(422481+217519)\times(422481^2+217519^2)$
$=204962\times640000\times(178490195361+47314515361)$
$=204962\times640000\times225804710722$
$=13117568\times225804710722\times10^4$
$=(1311\times10^4+7568)(2258\times10^8+471$

$\times 10^4 + 722) \times 10^4$

$= (1311 \times 2258 \times 10^{12} + 1311 \times 471 \times 10^8 + 1311 \times 722 \times 10^4 + 7568 \times 2258 \times 10^8 + 7568 \times 471 \times 10^4 + 7568 \times 722) \times 10^4$

$= (2960238 \times 10^{12} + 617481 \times 10^8 + 946542 \times 10^4 + 17088544 \times 10^8 + 3564528 \times 10^4 + 5464096) \times 10^4$

$= 2962008647616164096 \times 10^4$

좌변의 합(③)과 우변의 합(④)이 같으므로 다음이 성립한다.

$95800^4 + 217519^4 + 414560^4 = 422481^4$

130

$x^2-y^2=z^n$을 만족하는 정수 x, y, z를 두 쌍 찾아보시오.
(단, $1 \leq x^2, y^2 \leq 100$, $n \geq 2$)

풀이 $|x^2-y^2|$ = 제곱수의 차

제곱수의 집합 = {1, 4, 9, 16, 25, 36, 49, 64, 81, 100, …}

제곱수의 차이의 집합은 {3, (8), 15, 24, 35, 48, 63, 80, 99, …}
+{5, 12, 21, (32), 45, 60, 77, 96, …}
+{7, (16), (27), 40, 55, 72, 91, …}
+{(9), 20, 33, 48, 65, 84, …}
+{11, 24, 39, 56, 75, …}
+{13, 28, 45, (64), …}
+{15, (32), 51, …}
+{17, (36), …}
+{19, …}

이때 원소가 z^n의 꼴이 되는 것을 선택한다. 따라서

$$\therefore \begin{cases} 3^2-1^2=2^3 \\ 6^2-2^2=2^5 \\ 5^2-3^2=2^4 \\ 6^2-3^2=3^3 \\ 5^2-4^2=3^2 \\ 10^2-6^2=2^6 \\ 9^2-7^2=2^5 \\ 10^2-8^2=6^2 \end{cases}$$

131

$a^{2n} \neq b^2+2$임을 증명하시오. (단, n, a, b는 정수)

풀이 $a^n = x$라 놓으면,

$x^2 = b^2+2$

$\Leftrightarrow |x^2 - b^2| = 2$ 여기서 제곱수의 차이가 2이다.

x^2, b^2에 해당되는 제곱수는 다음과 같다.

$\{1, 4, 9, 16, 25, 36, 49, 64, 81, 100, \cdots\}$

이 제곱수들의 최소차는 $|1-4| = 3$이다. (0은 제외)

따라서 제곱수의 차는 결코 2가 될 수 없다.

132

자연수 n, a, k에 대하여,
$2^n-1 \neq a^k$임을 증명하시오. (단, $n \geq 2$인 정수)

풀이 $2^n-1=a^k$라 놓을 때, 좌변이 홀수이므로 a도 홀수이다.

① k가 짝수이면 ($k=2p$)

$2^n=a^k+1$

$\Leftrightarrow 2^n=a^{2p}-1+2$

$\Leftrightarrow 2^n=(a^p-1)(a^p+1)+2$

a가 홀수이므로 a^p-1과 a^p+1도 짝수이다.

따라서 $(a^p-1)(a^p+1)$은 단순히 $4m$으로 나타낼 수 있다

$\Leftrightarrow 2^n=4m+2$

$\Leftrightarrow 2^{n-1}=2m+1$

좌변은 짝수이나 우변은 홀수이므로

$\therefore$ $2^n-1 \neq a^k$(단, k는 짝수)

② k가 홀수이면 a^k+1은 인수분해가 된다.

$2^n=a^k+1$

$\Leftrightarrow 2^n=(a+1)(a^{k-1}-a^{k-2}+a^{k-3}-a^{k-4}+\cdots+a^2-a+1)$

$\Leftrightarrow 2^n=(a+1)([홀-홀]+[홀-홀]+\cdots+[홀-홀]+1)$

$\Leftrightarrow 2^n=(a+1)([짝]+[짝]+\cdots+[짝]+1)$

$\Leftrightarrow 2^n=(a+1)(홀수)$

좌변은 2로만 구성되어 있는데, 우변은 홀수가 있으므로 좌변과 우변은 같지 않다.

$\therefore$ $2^n-1 \neq a^k$(단 k는 홀수)

이상으로 ①과 ②에 의해서

$\therefore\ 2^n-1 \neq a^k$

참고 $a^5+1=(a+1)(a^4-a^3+a^2-a+1)$

제7장

솟수와 합성수

솟수와 합성수

❖ 자연수는 크게 솟수와 합성수로 나눌 수 있다.

그 중 솟수는 자연수를 구성하는 가장 작은 단위로서 1과 자기 자신 이외에 어떤 약수도 갖지 않는다. 반면에 합성수는 솟수를 약수로 가지는 수로서 반드시 인수분해가 된다.

❖「솟수가 무한히 많이 존재한다」는 최초의 증명은 기원전 300년쯤에 유클리드(Euclid)가 쓴 『기하학 원론』이라는 책 속에 들어 있다.

❖ 정수론에 관련된 미해결 문제들이 상당히 많이 존재하는데, 특히 솟수에 관련된 문제들이 대표적이다.

예를 들면 최대의 메르센느(Mersenne) 솟수 찾기와 최대의 페르마(Fermat) 솟수 찾기가 있다.

① Mersenne 솟수의 형태

2^n-1(n은 솟수)

② Fermat 솟수의 형태

$2^{2^n}+1$(n은 자연수)

133

솟수가 무한히 많음을 증명하시오.

풀이 a_1, a_2, a_3, …, a_n이 솟수일 때,

$a_1 \times a_2 \times a_3 \times \cdots \times a_n + 1$은 솟수이거나 합성수이다.

만약 합성수라면 이 합성수는 a_1, a_2, …, a_n에 속하지 않는 새로운 솟수를 가진다. 왜냐하면 a_1, a_2, …, a_n으로 나누어 떨어지지 않기 때문이다.

참고 이 증명을 확장하면

$a_1 \times a_2 \times \cdots \times a_n + k$(단, k는 솟수)

여기서 a_n과 k를 적당히 잡으면 여러 가지 형태의 솟수를 만들어 낼 수 있다.

134

6이 완전수임을 증명하시오.

풀이 완전수란 그 자신 이외의 모든 약수의 합이 그 자신과 같은 수이다.

6의 약수는 1, 2, 3이므로

$1+2+3=6$

따라서 6은 완전수이다.

참고 완전수는 $2^{n-1}(2^n-1)$의 형태의 수를 말한다.

(단, n, 2^n-1은 솟수)

$6=2^1(2^2-1)$: 완전수

$28=2^2(2^3-1)$: 완전수

$496=2^4(2^5-1)$: 완전수

135

n=ab일 때, 2^n+1이 합성수임을 증명하시오.
(단, a는 홀수)

풀이 $2^{ab}+1=(2^b)^a+1$

$=(2^b+1)\times(2^{b(a-1)}-2^{b(a-2)}+2^{b(a-3)}-\cdots+2^b+1)$

여기서 우변이 두 수의 곱으로 표시되므로 합성수이다.

예 $2^{20}+1=2^{4\cdot5}+1$

$=(2^4)^5+1$, $2^4=x$라 놓으면

$=x^5+1$

$=(x+1)(x^4-x^3+x^2-x+1)$

참고 ① $2^{2^n}+1$ 형태의 수를 「페르마의 수」라 부른다.

② p가 솟수이면 $\frac{a^p-a}{p}\equiv\frac{a(a^{p-1}-1)}{p}\equiv\frac{0}{p}$

136

$2^{2^5}+1$이 합성수임을 증명하시오.

풀이 $2^{2^n}+1$이 합성수이면 $2^{n+1}\cdot k+1$의 약수를 갖는다는 것이 오일러에 의해 증명되어 있다. (단, $k>2$인 자연수)

따라서 이것을 이용하여 약수를 찾아보자.

만약 $2^{2^5}+1$이 합성수이면 $2^6\cdot k+1$, 즉 $64k+1$로 나누어 떨어진다.

$k=1$일 때 $64\cdot1+1=65$	나누어 떨어지지 않는다.
$k=2$일 때 $64\cdot2+1=129$	나누어 떨어지지 않는다.
⋮	⋮
$k=10$일 때 $64\cdot10+1=641$	나누어진다.

$$\frac{2^{2^5}+1}{641}=\frac{4294967297}{641}=6700417$$

따라서 $2^{2^5}+1$는 641×6700417이므로 합성수이다.

참고 $2^{2^t}+1$형의 수를 「페르마 수」라 하는데, 이 수가 솟수일 경우를 「페르마 솟수」라 부른다.

그리고 서로 다른 페르마 수는 항상 서로 소이다.

즉 $2^{2^m}+1$과 $2^{2^n}+1$의 최대공약수는 1이다. (단 $m\neq n$)

137

$2^{2^6}+1=(2^8\times3^2\times7\times17+1)(2^8\times5\times52562829149+1)$이다.

마찬가지로 $2^{2^9}+1=(2^{16}\times37+1)(?)$으로 인수분해된다.

이때 (?)에 해당하는 부분의 수를 구하시오.

풀이 $2^{2^9}+1=2^{512}+1=(2^{16}\times37+1)(?)$

$\Leftrightarrow (?)=\dfrac{2^{512}+1}{2^{16}\times37+1}$

$=(1, 747, 248, 341, 86, 350, 682, 235, 839, 700, 633, 222, 888, 567, 861, 169, 596, 258, 793, 856, 763, 764, 223, 250, 733, 749, 540, 672, 209, 13, 767, 575, 249, 277, 85, 959, 544, 27, 899, 458, 441, 327, 611, 771, 648, 773, 355, 1021, 704, 1)\cdot(2^{490}, 2^{480}, 2^{470}, \cdots, 2^{30}, 2^{20}, 2^{10}, 1)$

참고 ① $(x_1, x_2, \cdots, x_n)\cdot(y_1, y_2, \cdots, y_n)=x_1y_1+x_2y_2+\cdots+x_ny_n$

② $2^{2^5}+1=641\times6700417=(2^6\cdot10+1)(2^6\cdot104694+1)$

③ $2^{2^6}+1=274177\times67280421310721$

④ $\dfrac{2^{512}+1}{2^{16}\cdot37+1}$의 계산은 컴퓨터로 하였다.

138

정수 m, n에서 $m>n,\ n\geq 0$일 때,

F_m과 F_n이 서로 소임을 증명하시오.

(단, $F_p=2^{2^p}+1$)

풀이 '서로 소'의 뜻은 '최대공약수가 1'임을 뜻한다.

① $F_m=2^{2^n}+1,\ F_n=2^{2^n}+1(m>n)$

② F_m과 F_n의 최대공약수를 G라 하면,

$$\begin{array}{r|ll} G & F_m & F_n \\ \hline & a & b \end{array}$$

$\therefore\ F_m=G_a,\ F_n=G_b$

이 때 F_m과 F_n은 모두 홀수이므로 최대공약수 G도 홀수이다.

③ $F_m=2^{2^m}+1$, 양변에 (-2)를 뺀다

$\Leftrightarrow F_m-2=2^{2^m}-1=2^{2^n(2^{m-n})}-1$

이 때 F_m-2는 F_n으로 나누어 떨어진다. 편의상 $2^{2^n}=x$라 놓으면,

$$\frac{F_m-2}{F_n}\equiv\frac{x^{2^{m-n}}-1}{x+1}\equiv\frac{(x+1-1)^{2^{m-n}}-1}{x+1}\equiv\frac{(-1)^{2^{m-n}}-1}{x+1}$$

$$\equiv\frac{1-1}{x+1}\equiv\frac{0}{x+1}$$

④ F_m-2가 F_n으로 나누어 떨어지므로 F_n의 약수이자 F_m의 약수인 G에 의해서도 F_m-2는 나누어 떨어진다.

$$\frac{F_m-2}{G}\equiv\frac{G\cdot a-2}{G}\equiv\frac{-2}{G}\equiv\frac{2}{G}$$

이 때 $\frac{2}{G}$가 정수가 되려면 G=1, 2이다. G가 홀수이므로 G=1 이다.

$\therefore$ G=1이므로 F_m과 F_n은 서로 소이다.

139

n이 솟수이면 $\dfrac{(n-1)!+1}{n}$이 정수임을 이용하여 7이 솟수임을 증명하시오.

풀이 $n=7$이므로

$$\frac{(n-1)!+1}{n}$$

$$\Leftrightarrow \frac{6!+1}{7}$$

$$\left.\begin{aligned}&\Leftrightarrow \frac{6\cdot5\cdot4\cdot3\cdot2\cdot1+1}{7}\\&\Leftrightarrow \frac{720+1}{7}\end{aligned}\right]\text{①}$$

$$\Leftrightarrow \frac{721}{7}$$

$$\Leftrightarrow 103$$

103은 정수이므로 7은 솟수이다.

참고1 ①의 과정에서 6!을 모두 계산하면 나눗셈이 어려워지므로 「나누기 정리」의 개념을 이용한다.

$$\frac{6\cdot5\cdot4\cdot3\cdot2\cdot1+1}{7}\equiv\frac{30\cdot24+1}{7}\equiv\frac{(7\times4+2)(7\times3+3)+1}{7}$$

$$\equiv\frac{2\cdot3+1}{7}\equiv\frac{0}{7}$$

참고2 $\dfrac{(p-1)!+1}{p}\equiv\dfrac{0}{p}$ (단, p는 솟수), 이것을 「윌슨(Wilson)의 정리」라고 한다.

140

홀수 n이 합성수이면 $\dfrac{\left(\dfrac{n-1}{2}!\right)^2}{n}$이 정수임을 이용하여 9를 확인해 보시오.

풀이 $n=9$이므로

$$\frac{\left(\frac{n-1}{2}!\right)^2}{n} \equiv \frac{4!^2}{9} \equiv \frac{24^2}{9} \equiv \frac{(3\times 8)^2}{9} \equiv \frac{9\times 8^2}{9} \equiv \frac{0}{9}$$

따라서 9는 합성수이다.

참고 1000까지의 솟수표

2	3	5	7	11	13	17	19
23	29	31	37	41	43	47	53
59	61	67	71	73	79	83	89
97	101	103	107	109	113	127	131
137	139	149	151	157	163	167	173
179	181	191	193	197	199	211	223
227	229	233	239	241	251	257	263
269	271	277	281	283	293	307	311
313	317	331	337	347	349	353	359
367	373	379	383	389	397	401	409
419	421	431	433	439	443	449	457
461	463	479	487	491	499	503	509
521	523	541	547	557	563	569	571
577	587	593	599	601	607	613	617
619	631	641	643	647	653	659	661
673	677	683	691	701	709	719	727
733	739	743	751	757	761	769	773
787	797	809	811	821	823	827	829
839	853	857	859	863	877	881	883
887	907	911	919	929	937	941	947
953	967	971	977	983	991	997	

141

n이 2가 아닌 솟수이면 다음 식이 정수임을 이용하여 7 또는 9를 확인해 보시오.

$$\frac{n-1}{2}\text{이}\begin{cases}\text{홀수이면} & \dfrac{\left(\dfrac{n-1}{2}!+1\right)\left(\dfrac{n-1}{2}!-1\right)}{n}\\[2ex] \text{짝수이면} & \dfrac{\left(\dfrac{n-1}{2}!\right)^2+1}{n}\end{cases}$$

풀이 ① $n=7$이므로 $\frac{n-1}{2}$은 홀수 3이 된다.

따라서 $\dfrac{\left(\dfrac{n-1}{2}!+1\right)\left(\dfrac{n-1}{2}!-1\right)}{n}$에 $n=7$을 대입하면

$=\dfrac{(3!+1)(3!-1)}{7}\equiv\dfrac{7\cdot 5}{7}\equiv\dfrac{0}{7}$, 나머지 없음

$\therefore$ 7은 솟수이다.

② $n=9$이므로 $\frac{n-1}{2}$은 짝수 4가 된다.

따라서 $\dfrac{\left(\dfrac{n-1}{2}!\right)^2+1}{n}$에 $n=9$를 대입하면

$\dfrac{4!^2+1}{9}\equiv\dfrac{(4\cdot 3\cdot 2\cdot 1)^2+1}{9}\equiv\dfrac{(-3)^2+1}{9}\equiv\dfrac{10}{9}\equiv\dfrac{1}{9}$, 나머지 있음

$\therefore$ 9는 합성수이다.

142

p가 솟수일때 2^p-1이 솟수가 되는 p는 현재까지 몇 개나 알려져 있는지 알아보시오.

풀이 현재까지 27개가 알려져 있다.

$p=2, 3, 5, 7, 13, 17, 19, 31, 61, 89, 107, 127, 521, 607, 1279,$
$2203, 2281, 3217, 4253, 4423, 9689, 9941, 11213, 19937,$
$21701, 23209, 44497$

참고 p가 11, 23, 29일 때, 2^p-1은 솟수가 아니다.

① $p=11$일 때, $2^{11}-1=2047=23\times89$

② $p=23$일 때, $2^{23}-1=8388607=47\times178481$

③ $p=29$일 때, $2^{29}-1=536870911=233\times2304167$

참고 ① 2^n-1이 솟수일 때, 이것을 Mersenne 솟수라고 한다.

또한 2^n-1이 Mersenne 솟수이면 $2^{n-1}(2^n-1)$은 완전수가 된다.

② $2^{n-1}(2^n-1)$은 짝수의 완전수로, 지금까지 홀수의 완전수는 하나도 발견되어 있지 않다. 만약 홀수의 완전수가 존재한다면 그것은 $p^{4k+1}\cdot q^2$ 형태일 것이라고 오일러가 증명하였다.

(단, p는 $4n+1$의 솟수, q는 1이 아닌 홀수, $\frac{q}{p}\neq\frac{0}{p}$)

143

$2^{2^n}+1$이 솟수가 되는 n은 현재까지 몇 개나 알려져 있는지 알아보시오.

풀이 $n=0, 1, 2, 3, 4$일 때, $2^{2^n}+1$은 솟수임이 알려져 있다.

$n=5$일 때, $2^{2^5}+1=2^{32}+1=4294967297=6700471\times 641$

$n=6$일 때, $2^{2^6}+1=2^{64}+1=67280421310721\times 274177$

참고 ① $2^{2^n}+1$이 솟수일 때, 이것을 Fermat 솟수라고 한다.

지금까지 알려진 Fermat 합성수는 다음과 같다.

$n=5, 6, 7, 8, 9, 10, 11, 12, 15, 16, 18, 23, 36, 38, 73$

② 현재는 $n\geqq 5$에 대하여 $2^{2^n}+1$은 합성수일 것이라는 견해가 일반적이다.

144

임의의 홀수는 두 정수의 제곱의 차로 나타낼 수 있음을 증명해 보시오.

풀이 임의의 홀수를 $2p+1$이라 놓으면 (단, p는 자연수)

$\therefore\ 2p+1=(p+1)^2-p^2$

예 ① $p=1$이면 $3=2^2-1^2$

② $p=2$이면 $5=3^2-2^2$

③ $p=3$이면 $7=4^2-3^2$

145

홀수 a, b의 곱으로 이루어진 합성수는 두 정수의 제곱의 차로 나타낼 수 있음을 증명하시오.

풀이 $ab=\left(\frac{a+b}{2}\right)^2-\left(\frac{a-b}{2}\right)^2$

이때 a, b는 모두 홀수이므로 $a+b$, $a-b$는 짝수이다.

따라서 $\frac{a+b}{2}$, $\frac{a-b}{2}$는 정수가 된다.

참고 ① 모든 자연수는 최대 4개의 정수의 제곱의 합으로 나타낼 수 있다. (Lagrange의 정리)

② $4^a(8b+7)$의 형태가 아닌 자연수는 3개의 정수의 제곱의 합으로 나타낼 수 있음이 증명되어 있다.

146

페르마의 2제곱 정리란 무엇인지 설명하시오.

풀이 "$4n+1$의 형인 솟수는 두 정수의 제곱의 합으로 나타낼 수 있으나 $4n-1$의 형인 솟수는 두 정수의 제곱의 합으로 나타낼 수 없다."이것을 「페르마의 2제곱 정리」라 한다.

예 ① $5=2^2+1^2$

② $13=3^2+2^2$

③ $17=4^2+1^2$

④ $29=5^2+2^2$

참고 페르마의 2제곱 정리에 의해 솟수 $4n+1$은 $4n+1=\alpha^2+\beta^2$으로 나타낼 수 있다.

또한 $4n+1=(2n+1)^2-(2n)^2$으로 나타낼 수 있으므로

이 두 식을 빼면 $\alpha^2+\beta^2+(2n)^2=(2n+1)^2$

$\therefore\ \alpha^2+\beta^2+(2n)^2=(2n+1)^2$ (단, $4n+1$은 솟수)

예) $2^2+5^2+14^2=15^2$

147

$a^3=\left\{\frac{a(a+1)}{2}\right\}^2-\left\{\frac{a(a-1)}{2}\right\}^2$ 임을 증명하시오.

풀이 $a^3=\left\{\frac{a(a+1)}{2}\right\}^2-\left\{\frac{a(a-1)}{2}\right\}^2$

$=\frac{a^2}{4}\{(a+1)^2-(a-1)^2\}$

$=\frac{a^2}{4}\times 4a$

$=a^3$

이로써 자연수의 세 제곱수는 항상 두 정수의 제곱의 차로 나타낼 수 있음을 알 수 있다.

148

자연수 x가 $5k^2$일 때, $x^4+x^3+x^2+x+1$이 합성수임을 증명하시오.

풀이 $x^4+x^3+x^2+x+1$

$\Leftrightarrow (x^2+3x+1)^2-5x(x+1)^2$

x가 $5k^2$이면

$\Leftrightarrow (x^2+3x+1)^2-[5k(x+1)]^2$

$\Leftrightarrow \{x^2+3x+1+5k(x+1)\}\cdot\{x^2+3x+1-5k(x+1)\}$

이처럼 인수분해가 되므로 $x=5k^2$일 때,

$x^4+x^3+x^2+x+1$은 합성수이다.

149

$p=3k+2$일 때, p^2+2는 합성수임을 증명하시오.

풀이 p^2+2

$=(3k+2)^2+2$

$=9k^2+12k+6$

$=3(3k^2+4k+2)$

참고 "임의의 서로 소인 두 자연수 a, b에 대하여 $a \cdot k+b$형태의 솟수는 무한히 많다."[디리클레(Dirichlet)의 정리]

150

$p \neq 2, 5$인 솟수를 배수로 나타내시오.

풀이 2와 5의 최소공배수인 10을 기준으로 하여 우선 배수로 나타낸다. $p=10k,\ 10k+1,\ 10k+2,\ 10k+3,\ 10k+4,\ \cdots,\ 10k+9$에서 2와 5로 나누어지는 p를 제외하면

$p=10k+1,\ 10k+3,\ 10k+7,\ 10k+9$이다.

$\therefore\ p=10k+1,\ 10k+3,\ 10k+7,\ 10k+9$

참고 $10k+2 \equiv 0 \pmod{2}$

$10k+4 \equiv 0 \pmod{2}$

$10k+5 \equiv 0 \pmod{5}$

$10k+6 \equiv 0 \pmod{2}$

$10k+8 \equiv 0 \pmod{2}$

151

$p \neq 3$인 솟수를 배수로 나타내시오.

풀이 $p=3k, 3k+1, 3k+2$에서

$p=3k$는 합성수이므로 제외시키면

$\therefore\ p=3k+1, 3k+2$

152

n이 자연수일 때,
5 이상의 솟수는 반드시 $6n \pm 1$로 나타낼 수 있음을 증명하시오.

풀이 $6n, 6n+1, 6n+2, \cdots, 6n+5$에서 합성수를 제외시킨다.

① $6n$인 경우,

$$\frac{6n}{2} \equiv \frac{0}{2}$$

② $6n+1$인 경우,

솟수일 가능성이 있음.

③ $6n+2$인 경우,

$$\frac{6n+2}{2} \equiv \frac{0}{2}$$

④ $6n+3$인 경우,

$$\frac{6n+3}{3} \equiv \frac{0}{3}$$

⑤ $6n+4$인 경우,

$$\frac{6n+4}{2} \equiv \frac{0}{2}$$

⑥ $6n+5$인 경우,

솟수일 가능성이 있음.

따라서 ②와 ⑥의 $6n+1$, $6n+5$가 솟수일 가능성이 높다.

이때 $6n+5=6n+(6-1)=6(n+1)-1=6n'-1$

$\therefore\ 6n \pm 1$

153

다음 정리에 대하여 예를 들어 보시오.
「임의의 자연수 N이 솟수 p로 나누어 떨어지면 P는 N의 인수 중 적어도 하나를 나눈다.」

풀이 200은 솟수 5로 나누어 떨어지고
200은 $2^3 \times 5^2$으로 이루어져 있으므로
200의 인수 중 하나인 10은 5로 나누어 떨어진다.

참고 $200 = 2 \times 100 = 4 \times 50 = 5 \times 40 = 8 \times 25 = 10 \times 20$
따라서 200의 인수는 2, 4, 5, 8, 10, 20, 25, 40, 50, 100

154

다음 정리에 대하여 예를 들어보시오.

「임의의 자연수 N이 솟수 P_1, P_2, …로 이루어지면

$$N = P^{m_1}{}_1 \times P^{m_2}{}_2 \times P^{m_3}{}_3 \times \cdots$$

로 표현할 수 있는데, 이때 이 표현 방법은 유일하다.」

풀이 임의의 자연수 9800은 솟수 2, 5, 7로 이루어지면

$$9800 = 2^3 \times 5^2 \times 7^2 \text{(인수의 배열순서는 무관)}$$

으로 유일하게 표현할 수 있다.

155

모든 짝수의 완전수는 $2^{\frac{n-1}{2}}$개의 3제곱수의 합으로 나타낼 수 있다고 한다.

$$2^2(2^3-1),\ 2^4(2^5-1),\ 2^6(2^7-1)$$

이 세 완전수를 3제곱수의 합으로 나타내시오.

풀이 $2^2(2^3-1)=4\times7=28=1^3+3^3$

$2^4(2^5-1)=16\times31=496=1^3+3^3+5^3+7^3$

$2^6(2^7-1)=64\times127=8128$

$=1^3+3^3+5^3+7^3+9^3+11^3+13^3+15^3$

참고 짝수의 완전수는 끝자리가 6 아니면 28이다.

$2^1(2^2-1)=6$

$2^2(2^3-1)=28$

$2^4(2^5-1)=496$

$2^6(2^7-1)=8128$

$2^{12}(2^{13}-1)=33550336$

$2^{16}(2^{17}-1)=8589869056$

⋮

156

차가 2인 솟수의 쌍을 쌍둥이 솟수라고 한다.
1000 이하의 쌍둥이 솟수를 찾아보시오.

풀이 1000 이하의 쌍둥이 솟수는
(3, 5), (5, 7), (11, 13), (17, 19), (29, 31), (41, 43),
(59, 61), (71, 73), (101, 103), (107, 109), (137, 139),
(149, 151), (178, 181), (191, 193), (197, 199), (227, 229),
(239, 241), (269, 271), (281, 283), (311, 313), (347, 349),
(419, 421), (431, 433), (461, 463), (521, 523), (569, 571),
(599, 601), (617, 619), (641, 643), (659, 661), (809, 811),
(821, 823), (827, 829), (857, 859), (881, 883)

참고 현재까지 알려져 있는 큰 쌍둥이 솟수는
① $1159142985 \times 2^{2304} \pm 1$
② $1,0000,0000,9650 \pm 1$

157

2^n-1이 합성수라면 $2^{n-2}=4ab\pm(a-b)$를 만족시키는 자연수 a, b가 존재함을 증명하시오.

풀이 2^n-1이 합성수라면 $(2a+1)(2b-1)$로 놓을 수 있다.

$$2^n-1=(2a+1)(2b-1)=4ab-2a+2b-1$$

$$\Leftrightarrow 2^n=4ab-2a+2b$$

$$\Leftrightarrow 2^{n-1}=2ab-a+b$$

① a · b 모두 짝수일 때 ($a=2a$, $b=2b$라 놓으면)

$$2^{n-1}=8ab-2a+2b$$

$$\Leftrightarrow 2^{n-2}=4ab-a+b$$

② a · b 모두 홀수일 때 ($a=2a-1$, $b=2b+1$)

$$2^{n-1}=2(2a-1)(2b+1)-2a+1+2b+1$$

$$\Leftrightarrow 2^{n-2}=(2a-1)(2b+1)-a+b+1$$

$$\Leftrightarrow 2^{n-2}=4ab+2a-2b-a+b$$

$$\Leftrightarrow 2^{n-2}=4ab+a-b$$

이상으로 ①과 ②에 의해서

$$\therefore 2^{n-2}=4ab\pm(a-b)$$

158

$2^{2^n}+1$이 합성수라면 $2^{2^n-2}=4ab\pm(a+b)$를 만족시키는 자연수 a, b가 존재함을 증명하시오.

풀이 $2^{2^n}+1$이 합성수라면 $(2a+1)(2b+1)$로 놓을 수 있다.

$$2^{2^n}+1=(2a+1)(2b+1)=4ab+2a+2b+1$$

$$\Leftrightarrow 2^{2^n}=4ab+2a+2b$$

$$\Leftrightarrow 2^{2^n-1}=2ab+a+b$$

① a, b 모두 짝수일 때 $(a=2a,\ b=2b)$

$$2^{2^n-1}=8ab+2a+2b$$

$$\Leftrightarrow 2^{2^n-2}=4ab+a+b$$

② a, b 모두 홀수일 때 $(a=2a-1,\ b=2b-1)$

$$2^{2^n-1}=2(2a-1)(2b-1)+2a-1+2b-1$$

$$\Leftrightarrow 2^{2^n-2}=(2a-1)(2b-1)+a+b-1$$

$$\Leftrightarrow 2^{2^n-2}=4ab-a-b$$

이상으로 ①과 ②에 의해서

$$2^{2^n-2}=4ab\pm(a-b)$$

참고 $2^{2^n-2}=4ab\pm(a+b)$

만약 $a=2^p\cdot a,\ b=2^p\cdot b$이면

$$2^{2^n-2}=4\cdot 2^{2p}ab\pm 2^p(a+b)$$

$$\Leftrightarrow 2^{2^n-p-2}=4\cdot 2^pab\pm(a+b)$$

$\Leftrightarrow 2^{2^n-p-2}=2^{p+2}\cdot ab\pm(a+b)$ (단 a, b=2, 3, 4,…)

이 식을 적당히 변형하면

$2^{2^n}+1=(2^{p+2}\cdot a\pm1)(2^{p+2}\cdot b\pm1)$

159

$y=\frac{1}{x}$의 그래프에서 1부터 a까지의 면적을 S(a)라 하자.

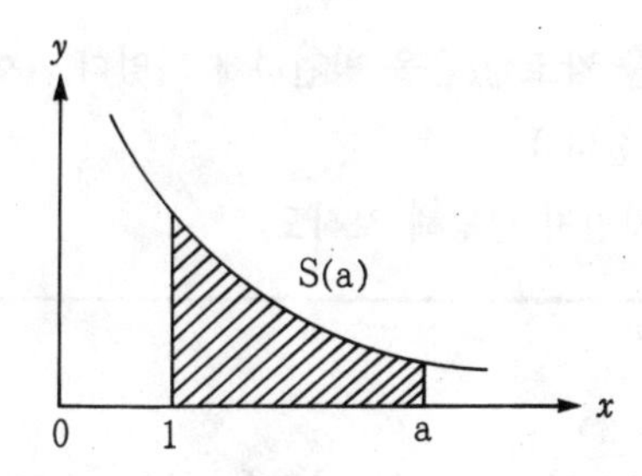

S(a)=1이 되는 a를 구하시오.

풀이 $S(a)=\int_1^a \frac{1}{x}dx=[\log_e x]_1^a=\log_e a-\log_e 1=\log_e a$

$\therefore\ S(a)=\log_e a$

따라서 $\log_e a=1$이므로 이것을 풀면

$\log_e a=1$

$\Leftrightarrow \log_e a=\log_e e$

$\Leftrightarrow a=e$

$\therefore\ S(e)=1$

160

솟수의 분포는 매우 불규칙한 것처럼 보이지만, 사실상 그렇지가 않다. 가우스는 솟수의 개수가 $y=\frac{1}{x}(x>1)$ 아래의 넓이와 매우 깊은 관계를 갖고 있음을 발견하게 되었다. (이것을 가우스의 솟수 정리라 한다.)

그 관계란 무엇인지 설명해 보시오.

풀이 먼저 $x\geqq1$일 때의 $y=\frac{1}{x}$의 면적을 구해 보자.

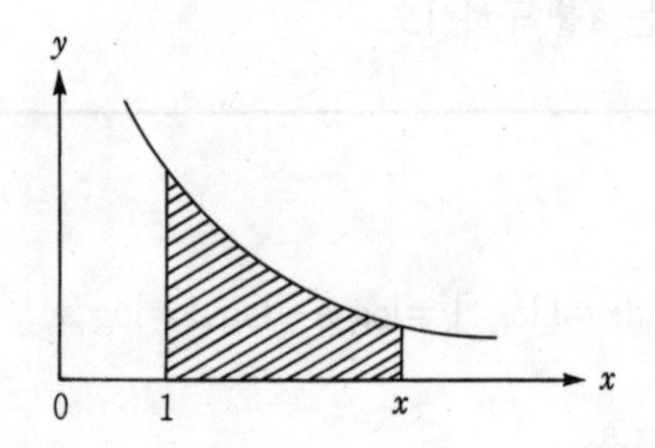

$$\int_1^x \frac{1}{x}dx=[\log_e x]_1^x=\log_e x-\log_e 1=\log_e x$$

$$\therefore \int_1^x \frac{1}{x}dx=\log_e x$$

$\log_e x$와 솟수의 분포의 관계는

x가 무한히 커지면 $\frac{\mathrm{N}(x)}{x}\fallingdotseq\frac{1}{\log_e x}$

$$\therefore \lim_{x\to\infty}\left(\mathrm{N}(x)\fallingdotseq\frac{x}{\log_e x}\right)$$

161

르장드르(A. D. Legendre, 1752~1833)는 솟수의 개수를 구하는 근사공식을 만들었다. 다음 근사공식을 확인하시오.

$$N_{(x)} \fallingdotseq \frac{x}{\log_e x - 1.08364}$$

풀이 $N_{(x)} \fallingdotseq \frac{x}{\log_e x - 1.08364}$(단, $N_{(x)}$는 1과 x 사이의 솟수의 개수)

① x가 10일 때

$N_{(10)} = \frac{10}{\log_e 10 - 1.08364} \fallingdotseq 8.2$, 실제 솟수의 개수 : 4

② x가 100일 때

$N_{(100)} \fallingdotseq 28.39$, 실제 솟수의 개수 : 25

③ x가 1000일 때

$N_{(1000)} \fallingdotseq 171.699$, 실제 솟수의 개수 : 168

④ x가 10000일 때

$N_{(10000)} \fallingdotseq 1230.51$, 실제 솟수의 개수 : 1229

⑤ x가 100000일 때

$N_{(100000)} \fallingdotseq 9588.38$, 실제 솟수의 개수 : 9592

참고 르장드르의 근사공식은 가우스의 근사공식을 수정한 것이다.

제 8 장

2차방정식과 판별식

2차방정식

❖ 차수가 2차인 다항식을 2차방정식이라 한다.

$ax^2+bx+c=0$ ($a \neq 0$, a, b, c는 상수)

❖ $a \neq 0$이고 a, b, c가 유리수일 때,

$ax^2+bx+c=0$의 한 근이 $p+q\sqrt{m}$이면 나머지 한 근은

$p-q\sqrt{m}$이다. (p, q는 유리수이고 $\sqrt{m}$은 무리수, $q \neq 0$)

판별식

❖ 대수방정식에서 계수만으로 근을 판별할 수 있는 식을 판별식이라 한다.

❖ 판별식의 기본 정리

① $(a-b)^2>0$이면 a, b는 실수

② $(a-b)^2=0$이면 $a=b$

③ $(a-b)^2<0$이면 a, b는 허수

❖ $ax^2+bx+c=0(a \neq 0)$

판별식 $D=b^2-4ac$

① $D>0$이면 서로 다른 두 실근

② $D=0$이면 중근

③ $D<0$이면 서로 다른 두 허근

162

$x^2+7x+10=0$에서 x의 값을 구하시오.

풀이 계수는 a=1, b=7, c=10임으로

$$x=\frac{-b\pm\sqrt{b^2-4ac}}{2a}=\frac{7\pm\sqrt{7^2-40}}{2}=\frac{-7\pm3}{2}$$

$\therefore\ x=-2,\ -5$

참고 $x^2+7x+10=(x+2)(x+5)$

163

$x^2+x+1=0$일 때, $x^{100}+\frac{1}{2}$의 값을 구하시오.

풀이 $x^2+x+1=0$의 양변에 $(x-1)$을 곱하면

$\Leftrightarrow (x-1)(x^2+x+1)=0$

$\Leftrightarrow x^3-1=0$

$\Leftrightarrow x^3=1$

또한 $x^2+x+1=0$에서 $x=\frac{-1\pm\sqrt{3}\ i}{2}$이다.

$$x^{100}+\frac{1}{2}$$

$$\Leftrightarrow (x^3)^{33}\cdot x+\frac{1}{2}$$

$$\Leftrightarrow x+\frac{1}{2}$$

$$\Leftrightarrow \frac{-1\pm\sqrt{3}\ i}{2}+\frac{1}{2}$$

$$\Leftrightarrow \frac{\pm\sqrt{3}\ i}{2}$$

164

$ax^2+bx+c=0$에서 x의 값을 구하시오. (단, $a\neq 0$)

풀이 $ax^2+bx+c=0$

$\Leftrightarrow x^2+\frac{b}{a}x+\frac{c}{a}=0$

$\Leftrightarrow \left(x+\frac{b}{2a}\right)^2-\frac{b^2}{4a^2}+\frac{c}{a}=0$

$\Leftrightarrow \left(x+\frac{b}{2a}\right)^2=\frac{b^2}{4a^2}-\frac{c}{a}$

$\Leftrightarrow \left(x+\frac{b}{2a}\right)^2=\frac{b^2-4ac}{4a^2}$

$\Leftrightarrow x+\frac{b}{2a}=\pm\sqrt{\frac{b^2-4ac}{4a^2}}$

$\Leftrightarrow x=-\frac{b}{2a}\pm\frac{\sqrt{b^2-4ac}}{2a}(\sqrt{4a^2}=\pm 2a)$

$\Leftrightarrow x=\frac{-b\pm\sqrt{b^2-4ac}}{2a}$

165

$x^2+3x+7=0$의 근을 판별하시오.

풀이 두 근을 a, b라 하면

$a+b=-3$, $ab=7$이므로

$$D=(a-b)^2=(a+b)^2-4ab=9-28=-19$$

$D<0$이므로 $x^2+3x+7=0$에서 x는 허근을 갖는다.

166

n차 방정식에서 n개의 근을 x_1, x_2, x_3, …, x_n이라 할 때, 판별식을 구하시오.

풀이 판별식(Discriminant)

$$D=(x_1-x_2)^2(x_1-x_3)^2\cdots(x_2-x_3)^2(x_2-x_4)^2\cdots(x_{n-1}-x_n)^2$$

① D>0 : 서로 다른 n개의 실근

② D=0 : 중근이 있음

③ D<0 : 허수의 근이 있음

참고 판별식이란 서로 다른 두 근의 차의 제곱의 곱이다.

제 9 장

3차방정식

3차방정식

❖ 3차방정식의 해법은 1541년 타르타리아(Tartaglia 1500~57, 본명 Nicolo Fontana)에 의해 발견되었으며, 1545년 카르다노(Cardano)의 『위대한 술법 *Ars Magna*』에 발표되었다.

❖ 3차방정식 해법에 의하여 얻어진 불완전한 근은 더 이상 완전한 근으로 바꿀 수 없음이 이미 증명되어 있다.

167

$2x^3+2x^2-x-1$을 만족하는 x를 구하시오.

풀이 $2x^3+2x^2-x-1=0$

$\Leftrightarrow 2x^2(x+1)-(x+1)=0$

$\Leftrightarrow (x+1)(2x^2-1)=0$

$\Leftrightarrow (x+1)\left(x^2-\frac{1}{2}\right)=0$

$\Leftrightarrow (x+1)\left(x-\frac{1}{\sqrt{2}}\right)\left(x+\frac{1}{\sqrt{2}}\right)=0$

$\Leftrightarrow x=-1,\ x=\pm\frac{1}{\sqrt{2}}$

168

$x^3+ax+b=0$에서 한 근이 $2+\sqrt{3}$일 때,
유리수 a, b를 구하시오.

풀이 $2+\sqrt{3}$이 근이면 이것의 켤레수인 $2-\sqrt{3}$도 근이 된다. 3차방정식의 근과 계수와의 관계를 이용해서 a, b를 구해 보자.

미지의 근을 p라 놓으면,

$$\begin{cases}(2+\sqrt{3})+(2-\sqrt{3})+p=0\\(2+\sqrt{3})(2-\sqrt{3})+(2+\sqrt{3})p+(2-\sqrt{3})p=a\\(2+\sqrt{3})(2-\sqrt{3})\cdot p=-b\end{cases}$$

이 세 식을 정리하면

$$\begin{cases}p+4=0\\4p+1=a\\p=-b\end{cases}$$

이 세 식을 풀면 $p=-4$, $a=-15$, $b=4$

$\therefore$ $a=-15$, $b=4$

169

3차방정식 $\frac{x^3+32}{x^2}=3k$가 중근을 갖도록 k값을 구하시오. (단, $x \neq 0$)

풀이 $x^3+32=3kx^2 \Leftrightarrow x^3-3kx^2+32=0$

근과 계수와의 관계에서 (세 근은 a, b, c)

$$\begin{cases} a+b+c=3k \\ ab+ac+bc=0 \\ abc=-32 \end{cases}$$

3차방정식이 중근을 가지므로 c=b라 놓으면

$$\begin{cases} a+2b=3k \cdots\cdots\cdots ① \\ ab+b^2=0 \cdots\cdots\cdots ② \\ ab^2=-32 \cdots\cdots\cdots ③ \end{cases}$$

②에서 b=0 또는 b=−2a, 여기서 b=0이면 ③식이 성립할 수 없으므로 b=−2a이다. 이것을 ③식에 대입하여 풀면 a=−2이고 b=−2a에서 b=4이다. 이 두 값을 ①에 대입하면 $k=2$

$\therefore k=2$

참고 $f(x)=x^3-3kx^2+32=0$이 중근을 가지면 미분하였을 때, 기울기가 0인 곳의 x가 근이 된다.

$f'(x)=3x^2-6kx=0$

여기서 $x=0$ 또는 $x=2k$, 문제에서 $x \neq 0$이므로 $x=2k$이다. 이것을 $f(x)$에 대입하면

$f(2k)=8k^3-12k^3+32=-4k^3+32=0$

$\therefore k=2$

170

$x^3-3x+2=0$이 중근을 가질 때, x를 구하시오.

풀이 세 근을 a, b, c라 놓으면 근과 계수와의 관계에서

$a+b+c=0$

$ab+ac+bc=-3$

$abc=-2$

이 때 중근을 가지므로 c=b라 놓으면

$a+2b=0$ ……… ①

$2ab+b^2=-3$ ……… ②

$ab^2=-2$ ……… ③

①식의 $a=-2b$를 ②, ③식에 대입하여 풀면

$b=1$이고, $a=-2$이다.

따라서, 세 근은 1, 1, −2이다.

$\therefore\ x^3-3x+2=(x-1)^2(x+2)$

171

$y^3=m^3$일 때, y를 구하시오.

풀이 $y^3=m^3$

$\Leftrightarrow y^3-m^3=0$

$\Leftrightarrow (y-m)(y^2+my+m^2)=0$

$\Leftrightarrow y-m=0$ OR $y^2+my+m^2=0$

$\Leftrightarrow y=m,\ y=\dfrac{-m\pm\sqrt{-3m^2}}{2}=\dfrac{m(-1\pm\sqrt{3}\ i)}{2}$

$\therefore\ y=m,\ m\omega,\ m\overline{\omega}\ \left(\text{단, } \omega=\dfrac{-1+\sqrt{3}\ i}{2},\ \overline{\omega}=\dfrac{-1-\sqrt{3}\ i}{2}\right)$

참고 $\omega^2=\left(\dfrac{-1+\sqrt{3}\ i}{2}\right)^2=\dfrac{1-3-2\sqrt{3}\ i}{4}=\dfrac{-1-\sqrt{3}\ i}{2}$

$\therefore\ \omega^2=\overline{\omega}$

172

$x^3-3x+1=0$의 근을 판별하시오.

풀이 세 근을 A, B, C라 하면

$A+B+C=0,\ AB+AC+BC=3,\ ABC=-1$

① $A(B+C)+BC=3$, $A=-B-C$를 대입하면

$\Leftrightarrow -(B+C)^2+BC=3$

$\Leftrightarrow (B+C)^2=BC-3$

$\Leftrightarrow (B-C)^2+4BC=BC-3$

$\Leftrightarrow (B-C)^2=-3BC-3$

② ①과 같은 방법으로

$(A-C)^2=-3AC-3$

③ ①과 같은 방법으로

$(A-B)^2=-3AB-3$

따라서, $D=(A-B)^2(A-C)^2(B-C)^2$

$=(-3AB-3)(-3AC-3)(-3BC-3)$

$=-27(AB+1)(AC+1)(BC+1)$

$=-27\{1+(AB+AC+BC)+ABC(A+B+C)$
$+A^2B^2C^2\}$

$=-27\{1+3+0+1\}$

$=-135$

$\therefore$ $D<0$이므로 방정식은 허근을 가진다.

173

$x^3+ax^2+bx+c=0$을

$y^3+Ay+B=0$으로 변형하시오.

풀이 $x=y-\frac{a}{3}$를 대입한다.

$x^3+ax^2+bx+c=0$

$$\Leftrightarrow \left(y-\frac{a}{3}\right)^3+a\left(y-\frac{a}{3}\right)^2+b\left(y-\frac{a}{3}\right)+c=0$$

$$\Leftrightarrow y^3-ay\left(y-\frac{a}{3}\right)-\frac{a^3}{27}+a\left(y^2-\frac{2}{3}ay+\frac{a^2}{9}\right)+by-\frac{ab}{3}+c=0$$

$$\Leftrightarrow y^3+\left(b-\frac{1}{3}a^2\right)y+\left(\frac{2}{27}a^3-\frac{1}{3}ab+c\right)=0$$

$$\Leftrightarrow y^3+Ay+B=0$$

$$\left(\text{단, } A=b-\frac{1}{3}a^2,\ B=\frac{2}{27}a^3-\frac{1}{3}ab+c\right)$$

참고 $x^n+a_1x^{n-1}+a_2x^{n-2}+\cdots+a_{n-1}x+a_n=0$

이 식에 $x=y-\frac{a_1}{n}$을 대입하면

y에 대한 n차방정식이 되는데,

이때 y^{n-1}의 항은 소거된다.

174

$y^3+py+q=0$의 근을 구하시오.

풀이 $y=A+B$라 놓으면

$$y^3+py+q=0$$
$$\Leftrightarrow (A+B)^3+p(A+B)+q=0$$
$$\Leftrightarrow A^3+B^3+q+(3AB+p)(A+B)=0$$
$$\Leftrightarrow A^3+B^3+q=0 \text{ AND } 3AB+p=0$$
$$\Leftrightarrow A^3+B^3=-q \text{ AND } AB=-\frac{p}{3}$$
$$\Leftrightarrow A^3+B^3=-q \text{ AND } A^3B^3=-\frac{p^3}{27}$$
$$\Leftrightarrow A^3,\ B^3=-\frac{q}{2}\pm\sqrt{\frac{q^2}{4}+\frac{p^3}{27}}$$

만약 $m=\sqrt[3]{-\frac{q}{2}+\sqrt{\frac{q^2}{4}+\frac{p^3}{27}}}$ 이면

$\Leftrightarrow A=m,\ m\omega,\ m\omega^2$이고, $B=\overline{m},\ \overline{m}\omega,\ \overline{m}\omega^2$

여기서 구해진 A, B를 적당히 조합하면

$\Leftrightarrow y=m+\overline{m},\ m\omega+\overline{m}\omega^2,\ m\omega^2+\overline{m}\omega$

$\left(\text{단, } \omega=\frac{-1+\sqrt{3}\ i}{2},\ \overline{\omega}\text{는 } \omega\text{의 켤레}\right)$

175

$x^3+px+q=0$의 근을 구하시오.

풀이 $x=y-\frac{p}{3y}$라 놓으면

$$\left(y-\frac{p}{3y}\right)^3+p\left(y-\frac{p}{3y}\right)+q=0$$

$$\Leftrightarrow y^3-\left(\frac{p^3}{27}\right)\frac{1}{y^3}+q=0$$

$$\Leftrightarrow y^6+qy^3-\frac{p^3}{27}=0$$

이 식은 y^3에 대하여 2차방정식이므로

$$\Leftrightarrow y^3=\frac{-q\pm\sqrt{q^2+\frac{4p^3}{27}}}{2}=\frac{-q}{2}\pm\sqrt{\frac{q^2}{4}+\frac{p^3}{27}}$$

이때 $\sqrt[3]{-\frac{q}{2}+\sqrt{\frac{q^2}{4}+\frac{p^3}{27}}}=m$이라 놓으면

$$\Leftrightarrow y=m,\ m\omega,\ m\omega^2\ (\text{단, } \omega^3=1,\ \omega^2+\omega+1=0)$$

$$\Leftrightarrow x=m-\frac{p}{3m},\ m\omega-\frac{p}{3m\omega},\ m\omega^2-\frac{p}{3m\omega^2}$$

참고 $-\frac{p}{3m},\ -\frac{p}{3m\omega},\ -\frac{p}{3m\omega^2}$를 분모 유리화하면

각각 $\overline{m},\ \overline{m}\omega^2,\ \overline{m}\omega$가 되어

$$\therefore\ x=m+\overline{m},\ m\omega+\overline{m}\omega^2,\ m\omega^2+\overline{m}\omega$$

$\left(단,\ \overline{m}=\sqrt[3]{-\frac{q}{2}-\sqrt{\frac{q^2}{4}+\frac{p^3}{27}}}\right)$

예 $x^3+6x-2=0$에서 $x=y-\frac{2}{y}$라 놓고 풀면

$$y^6-2y^3-8=0$$

따라서 공식에 의하여

$$\therefore\ y=\sqrt[3]{4},\ \sqrt[3]{4}\,\omega,\ \sqrt[3]{4}\,\omega^2$$

이때 $x=\sqrt[3]{4}-\frac{2}{\sqrt[3]{4}},\ \sqrt[3]{4}\,\omega-\frac{2}{\sqrt[3]{4}\,\omega},\ \sqrt[3]{4}\,\omega^2-\frac{2}{\sqrt[3]{4}\,\omega^2}$

① $\sqrt[3]{4}-\frac{2}{\sqrt[3]{4}}=\sqrt[3]{4}-\frac{2\cdot\sqrt[3]{2}}{\sqrt[3]{4}\cdot\sqrt[3]{2}}=\sqrt[3]{4}-\sqrt[3]{2}$

② $\sqrt[3]{4}\,\omega-\frac{2}{\sqrt[3]{4}\,\omega}=\sqrt[3]{4}\,\omega-\frac{2}{\sqrt[3]{4}}\cdot\frac{1}{\omega}=\sqrt[3]{4}-\frac{\sqrt[3]{2}}{\omega}$

$$=\sqrt[3]{4}-\frac{\sqrt[3]{2}\cdot\omega^2}{\omega\cdot\omega^2}$$

$$=\sqrt[3]{4}-\sqrt[3]{2}\,\omega^2\ (단,\ \omega^3=1)$$

③ $\sqrt[3]{4}\,\omega^2-\frac{2}{\sqrt[3]{4}\,\omega^2}=\sqrt[3]{4}\,\omega^2-\frac{2\omega}{\sqrt[3]{4}\,\omega^2\cdot\omega}=\sqrt[3]{4}\,\omega^2-\frac{2\omega}{\sqrt[3]{4}}$

$$=\sqrt[3]{4}\,\omega^2-\sqrt[3]{2}\,\omega$$

176

$x^3+px+q=0$에서 $D=\frac{q^2}{4}+\frac{p^3}{27}$라 할 때,

$D \geqq 0$일 때와 $D<0$일 때로 나누어 근을 구하시오.

풀이

① $D \geqq 0$이면, 한 근은

$$x=\sqrt[3]{-\frac{q}{2}+\sqrt{\frac{q^2}{4}+\frac{p^3}{27}}}+\sqrt[3]{-\frac{q}{2}-\sqrt{\frac{q^2}{4}+\frac{p^3}{27}}}$$

② $D<0$이면, 한 근은

$$x=\sin\left\{\frac{\sin^{-1}(4A)}{3}\right\}\times\sqrt{\left|\frac{4p}{3}\right|}$$

$\left(\text{단, } 4A=\frac{3\sqrt{3}}{2\sqrt{|p|^3}}\cdot q,\ \text{각도의 단위는 도}^\circ\right)$

예 $x^3-7x-6=0$에서 $p=-7$, $q=-6$, $D<0$이므로

① $4A=\frac{3\sqrt{3}}{2\sqrt{7^3}}(-6)=-0.841697576$

② $\frac{\sin^{-1}(4A)}{3}=\frac{\sin^{-1}(-0.841697576)}{3}=-19.10660535$

③ $\sin\left\{\frac{\sin^{-1}(4A)}{3}\right\}=\sin(-19.10660533)=-0.327326835$

따라서 $x=-0.327326835\times\sqrt{\frac{28}{3}}=-1$

177

$$\sqrt[3]{3+\frac{10}{3\sqrt{3}}\,i}+\sqrt[3]{3-\frac{10}{3\sqrt{3}}\,i}=-1,\ -2,\ 3$$**임을 증명하시오.**

풀이 $\sqrt[3]{3+\frac{10}{3\sqrt{3}}\,i}+\sqrt[3]{3-\frac{10}{3\sqrt{3}}\,i}$ 를 3가지로 변형하면

① $\sqrt[3]{\left(-\frac{1}{2}+\frac{5}{2\sqrt{3}}\,i\right)^3}+\sqrt[3]{\left(-\frac{1}{2}-\frac{5}{2\sqrt{3}}\,i\right)^3}=-1$

② $\sqrt[3]{\left(-1+\frac{2}{\sqrt{3}}\,i\right)^3}+\sqrt[3]{\left(-1-\frac{2}{\sqrt{3}}\,i\right)^3}=-2$

③ $\sqrt[3]{\left(\frac{3}{2}+\frac{1}{2\sqrt{3}}\,i\right)^3}+\sqrt[3]{\left(\frac{3}{2}-\frac{1}{2\sqrt{3}}\,i\right)^3}=3$

이처럼 어떤 수가 여러 수를 포함할 경우, 이 수를 「대표수」라고 한다.

대표수의 정의는 $\sqrt[n]{\alpha}$ $(n \geqq 2)$ 형태의 수로 한다.

예 $\sqrt{4}=\sqrt{(\pm 2)^2}=\pm 2$

$\sqrt[3]{8}=2,\ 2\omega,\ 2\omega^2$ $\left(\text{단, } \omega=\frac{-1+\sqrt{3}\,i}{2}\right)$

제 10 장

4차방정식

4차방정식

❖ 4차방정식 해법은 Cardano의 제자 페라리(L. Ferrari)에 의해서 발견되었다.

❖ 4차방정식의 해법은 3차방정식의 해법으로 귀착되어진다.

$$\frac{{}_4C_2}{2}=3$$

❖「계수가 모두 복소수인 n차방정식은 적어도 하나의 복소수 해를 갖는다.」라는 것이 1799년 Gauss에 의해 증명되었다. 이로써 5차 이상의 방정식에도 반드시 해가 존재함을 알 수 있다.

❖ 5차 이상의 방정식은 대수적으로 풀 수 없음이 갈로아(Galois)와 아벨(Abel)에 의해 증명되었다.

여기서 대수적이란 오직 $+, -, \times, \div, \sqrt{\quad}$만을 사용함을 뜻한다.

178

$x^4-3x^2+1=0$의 근을 구하시오.

풀이 $x^4-3x^2+1=0$

$\Leftrightarrow (x^2-1)^2-x^2=0$

$\Leftrightarrow (x^2-1-x)(x^2-1+x)=0$

$\Leftrightarrow (x^2-x-1)(x^2+x-1)=0$

$\Leftrightarrow x=\frac{1\pm\sqrt{5}}{2},\ x=\frac{-1\pm\sqrt{5}}{2}$

179

$ax^4+bx^3+cx^2+bx+a=0$의 x값을 구하시오. (단, $a\neq0$)

풀이 $ax^4+bx^3+cx^2+bx+a=0$, 양변을 x^2으로 나눈다

$$\Leftrightarrow ax^2+bx+c+\frac{b}{x}+\frac{a}{x^2}=0$$

$$\Leftrightarrow a\left(x^2+\frac{1}{x^2}\right)+b\left(x+\frac{1}{x}\right)+c=0$$

$$\Leftrightarrow a\left\{\left(x+\frac{1}{x}\right)^2-2\right\}+b\left(x+\frac{1}{x}\right)+c=0$$

$$\Leftrightarrow a\left(x+\frac{1}{x}\right)^2+b\left(x+\frac{1}{x}\right)+c-2a=0$$

$$\Leftrightarrow x+\frac{1}{x}=\frac{-b\pm\sqrt{b^2+8a^2-4ac}}{2a}$$

우변을 Q라 놓으면

$$\Leftrightarrow x+\frac{1}{x}=Q$$

$$\Leftrightarrow x^2-Qx+1=0$$

$$\Leftrightarrow x=\frac{Q\pm\sqrt{Q^2-4}}{2}$$

$$\left(\text{단, } Q=\frac{-b\pm\sqrt{b^2+8a^2-4ac}}{2a}\right)$$

예 $x^4+x^3+2x^2+x+1=0$

$$Q=\frac{-b\pm\sqrt{b^2+8a^2-4ac}}{2a}=\frac{-1\pm1}{2}=0,\ -1$$

① $Q=0$일 때, $x=\pm i$

② $Q=-1$일 때, $x=\frac{-1\pm\sqrt{3}i}{2}$ (단, $i=\sqrt{-1}$)

180

$x^4+ax^3+bx+c=0$의 한 근이 $\cos\theta+i\sin\theta$이고

$\cos\theta=\dfrac{b^2+c^2-a^2-1}{2a-2bc}$이라고 가정할 때,

$x^4-\dfrac{1}{3}x^3+\dfrac{5}{9}x+\dfrac{1}{3}=0$의 모든 근을 구하시오.

풀이 $a=-\dfrac{1}{3},\ b=\dfrac{5}{9},\ c=\dfrac{1}{3}$이므로

$$\cos\theta=\frac{\dfrac{25}{81}+\dfrac{1}{9}-\dfrac{1}{9}-1}{-\dfrac{2}{3}-\dfrac{10}{27}}=\frac{-\dfrac{56}{81}}{-\dfrac{28}{27}}=\frac{56\cdot 27}{81\cdot 28}=\frac{2}{3}$$

이때 $\sin\theta=\pm\sqrt{1-\cos^2\theta}=\pm\sqrt{1-\dfrac{4}{9}}=\pm\sqrt{\dfrac{5}{9}}=\pm\dfrac{\sqrt{5}}{3}$

따라서 $x=\cos\theta\pm i\sin\theta$이므로

$$x=\frac{2}{3}\pm\frac{\sqrt{5}}{3}i$$

이 두 근을 이용하여 2차방정식을 만들면 $x^2-\dfrac{4}{3}x+1=0$

따라서 4차방정식을 $x^2-\dfrac{4}{3}x+1$로 나누면

$$x^4-\frac{1}{3}x^3+\frac{5}{9}x+\frac{1}{3}=\left(x^2-\frac{4}{3}x+1\right)\left(x^2+x+\frac{1}{3}\right)$$

우변의 식을 0이라 놓으면 4차방정식의 4근은

$$\therefore\ x=\frac{2}{3}\pm\frac{\sqrt{5}}{3}i,\ -\frac{1}{2}\pm\frac{1}{2\sqrt{3}}i$$

181

$y^4+py^2+qy+r=0$의 근은 구하시오.

풀이 $y^4+py^2+qy+r=0$

$\Leftrightarrow (y^2+p)^2=py^2-qy+p^2-r$

이 식에 미지수 t를 도입하면

$\Leftrightarrow (y^2+p+t)^2=(p+2t)y^2-qy+p^2+2pt+t^2-r$

이때 우변이 완전제곱식이 되려면

판별식 $D=q^2-4(p+2t)(p^2+2pt+t^2-r)=0$

이 식은 t에 대하여 3차방정식이므로, t를 구할 수 있다.

$$\Leftrightarrow (y^2+p+t)^2=(p+2t)\left\{y-\frac{q}{2(p+2t)}\right\}^2$$

$$\Leftrightarrow y^2+p+t=\pm(p+2t)\left\{y-\frac{q}{2(p+2t)}\right\}$$

이 식은 y에 대하여 2차방정식이므로, y를 구할 수 있다.

(이하 생략)

예 $y^4+y^2+10y+4=0$

$\Leftrightarrow (y^2+1+t)^2=(1+2t)y^2-10y+t^2+2t-3$

$D=100-4(1+2t)(t^2+2t-3)=0$

이 식은 t에 대하여 3차방정식이다. 직접 t를 구하면 $t=2$이다.

$\Leftrightarrow (y^2+3)^2=5(y-1)^2$, 이 식을 풀면

$$\therefore\ y=\frac{\sqrt{5}\pm\sqrt{-7-4\sqrt{5}}}{2},\ \frac{-\sqrt{5}\pm\sqrt{-7+4\sqrt{5}}}{2}$$

182

$x^4+kx^3+lx^2+mx+n=0$의 근을 구하시오.

풀이 4차방정식을 $(x^2+ax+b)(x^2+cx+d)=0$으로 변형시킨다면

$$x^4+kx^3+lx^2+mx+n=(x^2+ax+b)(x^2+cx+d)$$

에서 좌변과 우변의 계수를 비교하면 다음과 같다.

$$\begin{cases} a+c=k \cdots\cdots\cdots\cdots ① \\ ac+b+d=l \cdots\cdots ② \\ bd=n \cdots\cdots\cdots\cdots\cdots ③ \\ ad+bc=m \cdots\cdots\cdots ④ \end{cases}$$

①과 ②에서 $a, c=\dfrac{k\pm\sqrt{k^2-4(l-b-d)}}{2}$

②과 ③에서 $b, d=\dfrac{l-ac\pm\sqrt{(l-ac)^2-4n}}{2}$

이 두 식을 ④에 대입하여 정리하면

$$\{k(l-ac)-2m\}^2=\{k^2-4(l-b-d)\}\times\{(l-ac)^2-4n\}$$

이때 ②에서 $l-b-d=ac$이므로, 위 식은 다음과 같다.

$$\{k(l-ac)-2m\}^2=(k^2-4ac)\{(l-ac)^2-4n\}$$

이 식은 ac에 대하여 3차방정식이므로

ac를 구할 수 있고, ①, ②, ③에 의해 a, b, c, d를 모두 구할 수 있어 4차방정식의 네 근을 모두 구할 수 있다. (이하 생략)

예 $x^4+3x^3+4x^2+x-3=0$

이 식을 $(x^2+ax+b)(x^2+cx+d)=0$으로 변형시키려면

$$\begin{cases} a+c=3 \cdots\cdots\cdots\cdots ① \\ ac+b+d=4 \cdots\cdots\cdots ② \\ bd=-3 \cdots\cdots\cdots\cdots ③ \\ ad+bc=1 \cdots\cdots\cdots ④ \end{cases}$$

공식에 의해

$$\{3(4-ac)-2\}^2=(9-4ac)\{(4-ac)^2+12\}.$$

ac의 한 근 2를 선택하면, ①, ②, ③에서

$$a=1, c=2, b=-1, d=3$$

따라서 4차방정식은 다음으로 변형된다.

$$(x^2+x-1)(x^2+2x+3)=0$$

$$\therefore\ x=\frac{-1\pm\sqrt{5}}{2},\ -1\pm\sqrt{2}i$$

183

$(x+a)(x+b)(x+c)(x+d)$를

$(x^2+Ax+B)\cdot(x^2+Cx+D)$로 표현하는 방법은 몇 가지가 있는지 알아보시오.

풀이 $\therefore\ \dfrac{{}_4C_2}{2}=3$가지

분모 2는 (x^2+Ax+B)가 결정되면 자동적으로 (x^2+Cx+D)가 결정되기 때문에 ${}_4C_2$를 나누었다.

결과 3이란 무엇을 의미하는가?

4차방정식을 3차방정식으로 표현 가능하다는 것을 의미한다.

참고 3차방정식은 결코 2차방정식($a\pm\sqrt{b}$)으로 표현 불가능하다.

${}_3C_2={}_3C_1=3$

즉 3차방정식의 해는 항상 $\sqrt[3]{\quad}$를 포함하게 된다.

184

$x^4+kx^2+mx+n=0$에서 네 근을 $a\pm\sqrt{b}$, $-a\pm\sqrt{d}$할 때, a, b, d를 구하시오.

풀이 근과 계수와의 관계에서

$-2a^2-b-d=k$ ……………… ①

$2a(b-d)=-m$ ……………… ②

$a^4-(b+d)a^2+bd=n$ ……………… ③

①에서 $b+d=-2a^2-k$ ……………… ④

②에서 $b-d=\dfrac{-m}{2a}$ ……………… ⑤

③에서 $a^2=\dfrac{b+d\pm\sqrt{(b-d)^2+4n}}{2}$ …… ⑥

④와 ⑤ 식을 ⑥에 대입하면

$2a^2-(b+d)=\pm\sqrt{(b-d)^2+4n}$

$\Leftrightarrow 4a^2+k=\pm\sqrt{\dfrac{m^2}{4a^2}+4n}$

$\Leftrightarrow (4a^2+k)^2=\dfrac{m^2}{4a^2}+4n$ (단, k, m, n은 상수임)

$\Leftrightarrow z=4a^2$이라 놓으면

$(z+k)^2=\dfrac{m^2}{z}+4n$ ……………… ⑦

$\Leftrightarrow z^3+2kz^2+(k^2-4n)z-m^2=0$

이 식은 z에 대하여 3차방정식이므로 z를 구할 수 있다.

따라서 ④, ⑤, ⑦에서 a, b, d를 구할 수 있다.

예 $x^4+x^2+4x-3=0$

네 근을 $a\pm\sqrt{b}$, $-a\pm\sqrt{d}$라 하면

$$-2a^2-b-d=1$$
$$2a(b-d)=-4$$
$$a^4-(b+d)a^2+bd=-3$$

공식에 의해

$$z^3+2z^2+13z-16=0 \text{(단, } z=4a^2\text{)}$$

z의 한 근 1을 선택하면,

$$a=\frac{1}{2},\ b=-\frac{11}{4},\ d=\frac{5}{4} \text{ 또는 } a=-\frac{1}{2},\ b=\frac{5}{4},\ d=-\frac{11}{4}$$

따라서 네 근은

$$x=\frac{1}{2}\pm\frac{\sqrt{11}}{2}i,\ -\frac{1}{2}\pm\frac{\sqrt{5}}{2}$$

참고 $x^4+x^2+4x-3=(x^2+x-1)(x^2-x+3)$

제 11 장

삼각함수의 기초와 증명

호도법

❖ 한 원에서 호의 길이가 반지름의 길이와 같게 되는 중심각을 1라디안 또는 1호도라고 한다.

❖ 각과 라디안의 관계

① $\pi \times \text{rad} = 180^\circ$

② $1\text{rad} = \frac{180^\circ}{\pi} \fallingdotseq 57.2957$

③ $1^\circ = \frac{\pi}{180} \times \text{rad}$

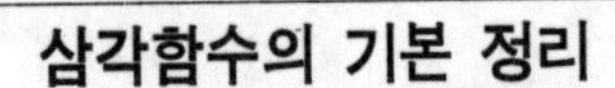

삼각함수의 기본 정리

❖ $\sin\theta = \frac{b}{c}$

$\cos\theta = \frac{a}{c}$

$\tan\theta = \frac{b}{a}$

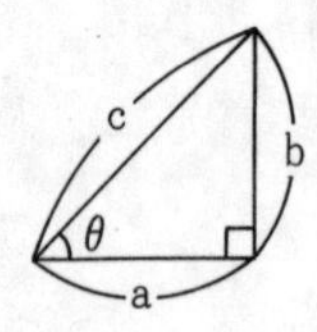

❖ $-1 \leqq \sin\theta \leqq 1$

$-1 \leqq \cos\theta \leqq 1$

$\infty \leqq \tan\theta \leqq \infty$

❖ 삼각형의 6가지 요소

세 변의 길이와 세 각을 삼각형의 6가지 요소라 한다. 삼각형을 그릴 때에는 옆 그림처럼 6가지 요소를 올바르게 표시한다.

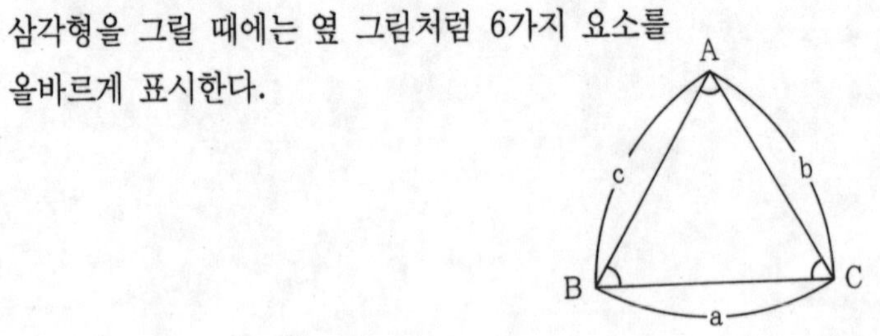

185

삼각형의 내각의 합이 180°임을 증명하시오.

풀이

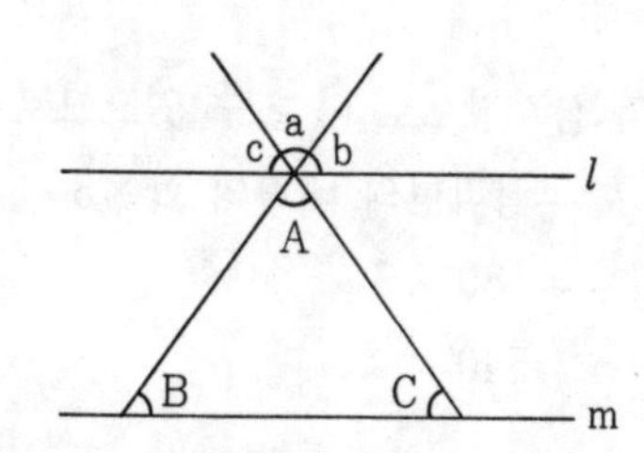

① a와 a′는 맞꼭지각이므로 a=a′

② b와 b′는 동위각이므로 b=b′
(단, l과 m은 평행)

③ 평행선은 180°이다.

위의 삼각형에서

A=a(맞꼭지각), B=b(동위각), C=c(동위각)

따라서

∴ A+B+C=a+b+c=180°

186

5각형의 내각의 합이 540°임을 증명하시오.

풀이 5각형은 3개의 삼각형으로 나눌 수 있으므로

5각형의 내각의 합 $=$ 삼각형의 내각의 합 $\times 3$

$= 180° \times 3$

$= 540°$

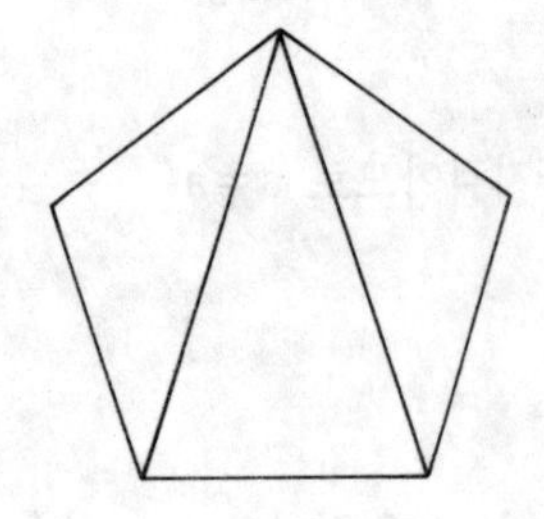

참고 5각형의 한 각은 $\frac{540°}{5} = 108°$

187

종이테이프를 $\overline{AB}$를 중심으로 접었을 때, $\angle CAB = \angle CBA$임을 증명하시오.

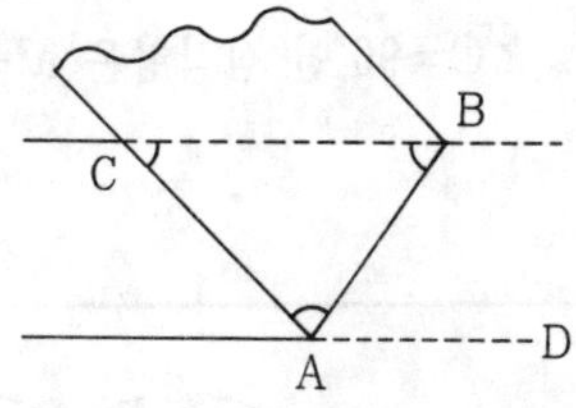

풀이 ① $\angle CBA$와 $\angle BAD$는 엇각이므로 같다.

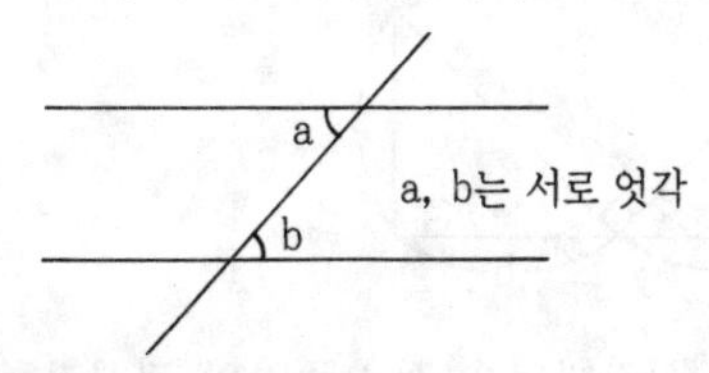

② $\angle CAB$는 $\angle BAD$를 접은 것이므로 같다.

따라서 ①과 ②에서

$\angle CBA = \angle BAD = \angle CAB$

$\therefore \angle CAB = \angle CBA$

188

$\angle C=90°$인 삼각형은 $a^2+b^2=c^2$임을 증명하시오.

풀이

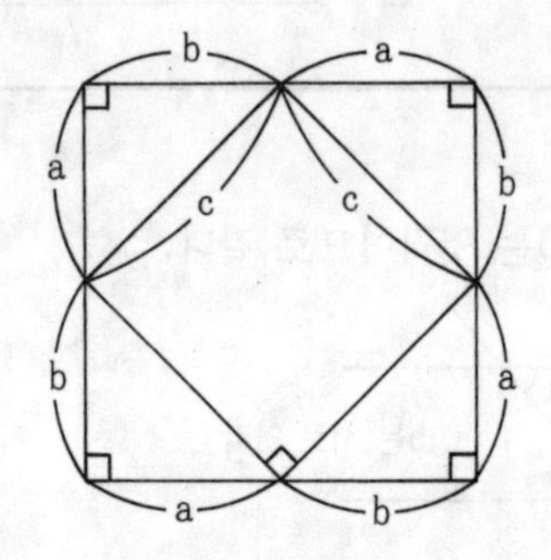

전체 면적=4개의 삼각형의 면적+중앙의 정사각형 면적

$\Leftrightarrow (a+b)^2=4\times\left(\frac{1}{2}ab\right)+c^2$

$\Leftrightarrow (a+b)^2=2ab+c^2$

$\Leftrightarrow a^2+b^2=c^2$

$\therefore$ $\angle C=90°$이면 $a^2+b^2=c^2$

189

$\sin^2\theta+\cos^2\theta=1$임을 증명하시오.

풀이 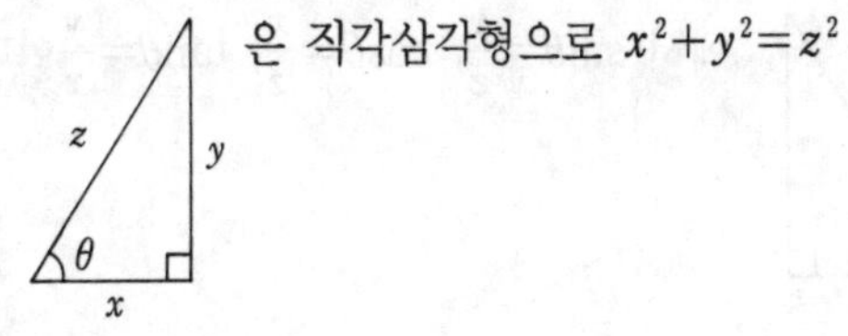 은 직각삼각형으로 $x^2+y^2=z^2$

$$\sin\theta=\frac{y}{z} \Leftrightarrow y=\sin\theta\cdot z$$

$$\cos\theta=\frac{x}{z} \Leftrightarrow x=\cos\theta\cdot z$$

이 두 식을 $x^2+y^2=z^2$에 대입하면

$$\Leftrightarrow (\cos\theta\cdot z)^2+(\sin\theta\cdot z)^2=z^2$$

$$\Leftrightarrow \cos^2\theta\cdot z^2+\sin^2\theta\cdot z^2=z^2$$

$$\Leftrightarrow \sin^2\theta+\cos^2\theta=1$$

$$\therefore\ \sin^2\theta+\cos^2\theta=1$$

참고 표기법

① $\sin^2\theta=(\sin\theta)^2$

② $\sin\theta^2=\sin(\theta^2)$

190

$\tan\theta=\frac{\sin\theta}{\cos\theta}$임을 증명하시오.

풀이

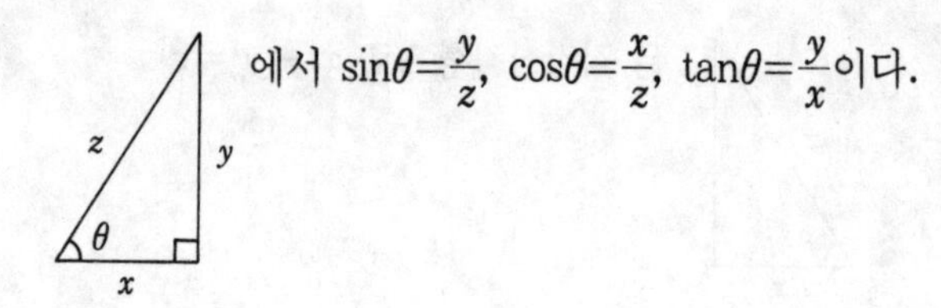

에서 $\sin\theta=\frac{y}{z}$, $\cos\theta=\frac{x}{z}$, $\tan\theta=\frac{y}{x}$이다.

또한 $\frac{\sin\theta}{\cos\theta}=\frac{\frac{y}{z}}{\frac{x}{z}}=\frac{z\cdot y}{z\cdot x}=\frac{y}{x}$

이때 $\frac{y}{x}=\tan\theta$이므로

$\therefore \frac{\sin\theta}{\cos\theta}=\tan\theta$

191

$1+\tan^2\theta=\sec^2\theta$임을 증명하시오. $\left(\text{단, } \cos\theta=\dfrac{1}{\sec\theta}\right)$

풀이

$$\begin{aligned} & 1+\tan^2\theta \\ \Leftrightarrow\ & 1+\frac{\sin^2\theta}{\cos^2\theta} \\ \Leftrightarrow\ & \frac{\cos^2\theta+\sin^2\theta}{\cos^2\theta} \\ \Leftrightarrow\ & \frac{1}{\cos^2\theta} \\ \Leftrightarrow\ & \sec^2\theta \end{aligned}$$

참고 $\sin\theta=\dfrac{1}{\operatorname{cosec}\theta}$, $\cos\theta=\dfrac{1}{\sec\theta}$, $\tan\theta=\dfrac{1}{\cot\theta}$

192

$\frac{\sin\theta}{1+\cos\theta}+\frac{\sin\theta}{1-\cos\theta}=\frac{2}{\sin\theta}$임을 증명하시오.

(단, $\cos\theta \neq \pm 1$, $\sin\theta \neq 0$)

풀이

$$\frac{\sin\theta}{1+\cos\theta}+\frac{\sin\theta}{1-\cos\theta}$$

$$\Leftrightarrow \frac{\sin\theta(1-\cos\theta)+\sin\theta(1+\cos\theta)}{(1+\cos\theta)(1-\cos\theta)}$$

$$\left.\begin{aligned}&\Leftrightarrow \frac{2\sin\theta}{1-\cos^2\theta}\\&\Leftrightarrow \frac{2\sin\theta}{\sin^2\theta}\end{aligned}\right] ①$$

$$\Leftrightarrow \frac{2}{\sin\theta}$$

$\sin^2\theta+\cos^2\theta=1$이므로 ①의 과정이 성립한다.

193

$a\sin A = c\sin C - b\sin B$를 만족하는 삼각형은 $C=90°$인 직각삼각형임을 증명하시오.

풀이 다음 사인 정리의 식을 k라 놓으면

$$\frac{a}{\sin A}=\frac{b}{\sin B}=\frac{c}{\sin C}=k \text{ (단, } k \neq 0)$$

$$\Leftrightarrow \sin A=\frac{a}{k},\ \sin B=\frac{b}{k},\ \sin C=\frac{c}{k}$$

이 세 식을 $a\sin A = c\sin C - b\sin B$에 대입하면

$$\Leftrightarrow a\cdot\frac{a}{k}=c\cdot\frac{c}{k}-b\cdot\frac{b}{k}$$

$$\Leftrightarrow a^2=c^2-b^2$$

$$\Leftrightarrow a^2+b^2=c^2$$

∴ 피타고라스의 정리가 성립되는 삼각형은 직각삼각형이다.

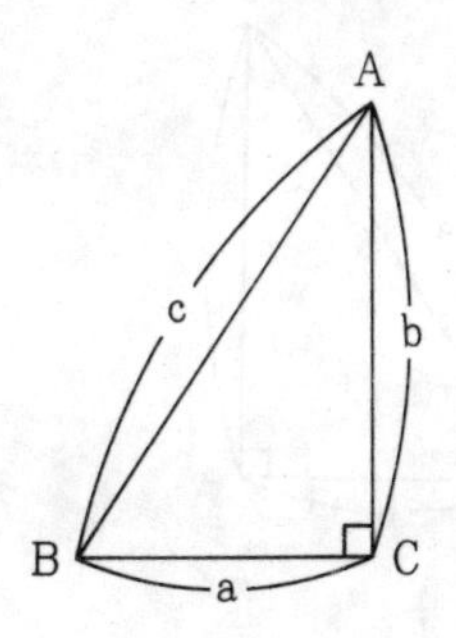

194

$\sin^2 A = \sin^2 B + \sin^2 C$를 만족하는 삼각형은 $A = 90°$인 직각삼각형임을 증명하시오.

풀이 다음 사인 정리의 식을 k라 놓으면

$$\frac{a}{\sin A} = \frac{b}{\sin B} = \frac{c}{\sin C} = k \ (\text{단, } k \neq 0)$$

$$\Leftrightarrow \sin A = \frac{a}{k}, \sin B = \frac{b}{k}, \sin C = \frac{c}{k}$$

이 세 식을 $\sin^2 A = \sin^2 B + \sin^2 C$에 대입하면

$$\Leftrightarrow \left(\frac{a}{k}\right)^2 = \left(\frac{b}{k}\right)^2 = \left(\frac{c}{k}\right)^2$$

$$\Leftrightarrow a^2 = b^2 + c^2$$

∴ 피타고라스의 정리가 성립되는 삼각형은 직각삼각형이다.

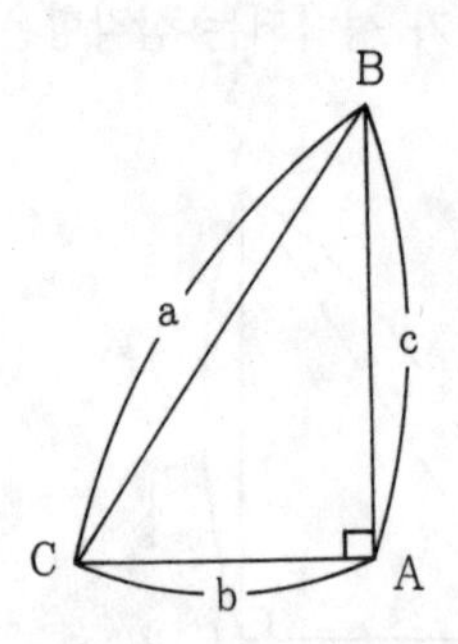

195

$\sin A=\cos(90°-B)$를 만족하는 삼각형은 $a=b$인 이등변 삼각형임을 증명하시오.

풀이 $\sin A=\cos(90°-B)$

$\Leftrightarrow \sin A=\cos 90°\cos B+\sin 90°\sin B$ ①

$\Leftrightarrow \sin A=\sin B$ $(\cos 90°=0, \sin 90=1)$

$\Leftrightarrow A=B$

$\Leftrightarrow a=b$

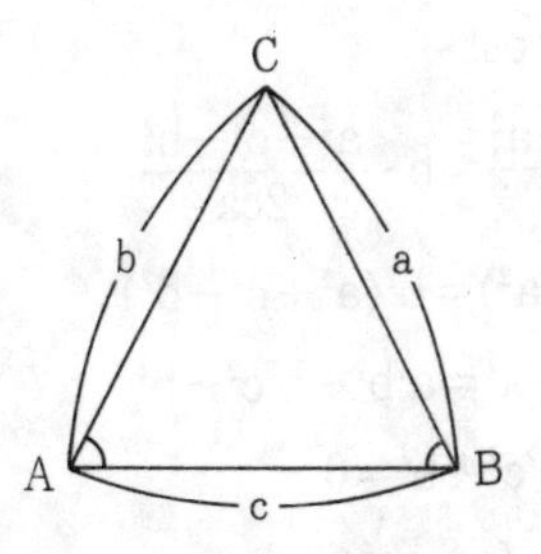

두 변의 길이가 같은 삼각형은 이등변 삼각형이다. 그리고 ①의 과정은 코사인의 덧셈 정리에 의해 성립한다.

참고 ① 사인의 덧셈 정리

$\sin(\alpha+\beta)=\sin\alpha\cos\beta+\cos\alpha\sin\beta$

$\sin(\alpha-\beta)=\sin\alpha\cos\beta-\cos\alpha\sin\beta$

② 코사인의 덧셈 정리

$\cos(\alpha+\beta)=\cos\alpha\cos\beta-\sin\alpha\sin\beta$

$\cos(\alpha-\beta)=\cos\alpha\cos\beta+\sin\alpha\sin\beta$

196

$a\cos A = b\cos B$를 만족하는 삼각형은 $a=b$인 이등변 삼각형 또는 $c=90°$인 직각삼각형임을 증명하시오.

풀이 제2코사인 정리를 사용하면,

$$\cos A = \frac{b^2+c^2-a^2}{2bc},\ \cos B = \frac{a^2+c^2-b^2}{2ca}$$

이 두 식을 $a\cos A = b\cos B$에 대입하면

$$a\cos A = b\cos B$$
$$\Leftrightarrow a\cdot\frac{b^2+c^2-a^2}{2bc} = b\cdot\frac{a^2+c^2-b^2}{2ca}$$
$$\Leftrightarrow a^2(b^2+c^2-a^2) = b^2(a^2+c^2-b^2)$$
$$\Leftrightarrow a^2b^2+a^2c^2-a^4 = a^2b^2+b^2c^2-b^4$$
$$\Leftrightarrow a^2c^2-a^4-b^2c^2+b^4=0$$
$$\Leftrightarrow c^2(a^2-b^2)-(a^4-b^4)=0$$
$$\Leftrightarrow c^2(a^2-b^2)-(a^2-b^2)(a^2+b^2)=0$$
$$\Leftrightarrow (a^2-b^2)(c^2-a^2-b^2)=0$$
$$\Leftrightarrow a^2-b^2=0 \text{ OR } c^2-a^2-b^2=0$$
$$\Leftrightarrow a=b \text{ OR } c^2=a^2+b^2$$

참고 $c^2=a^2+b^2$이면 $\angle c=90°$인 직각삼각형이다.

197

$\sin A = 2\cos B \cdot \sin C$를 만족하는 삼각형은 $b=c$인 이등변 삼각형임을 증명하시오.

풀이 사인 정리 $\frac{a}{\sin A} = \frac{b}{\sin B} = \frac{c}{\sin C}$에서 얻은

$\sin A = \frac{a \sin C}{c}$를 $\sin A = 2\cos B \cdot \sin C$에 대입하면

$$\sin A = 2\cos B \cdot \sin C$$

$$\Leftrightarrow \frac{a \cdot \sin C}{C} = 2\cos B \cdot \sin C \quad ①$$

$$\Leftrightarrow a = 2c \cdot \cos B$$

$$\Leftrightarrow a = 2c \cdot \frac{a^2+c^2-b^2}{2ac} \quad ②$$

$$\Leftrightarrow a^2 = a^2+c^2-b^2$$

$$\Leftrightarrow b^2 = c^2$$

$$\Leftrightarrow b = c \quad ②$$

$0° < c < 180°$에서 $\sin C \neq 0$이므로 ①의 과정이 성립한다.

제2코사인 정리에 의해 ②의 과정이 성립한다.

변의 길이는 양수이므로 ③의 과정이 성립한다.

$\therefore$ $b=c$인 이등변 삼각형

198

삼각형의 세 변의 길이 a, b, c 사이에 $a^3+b^3+c^3=3abc$인 관계가 성립하면 그 삼각형은 정삼각형임을 증명하시오.

풀이 $a^3+b^3+c^3=\frac{1}{2}(a+b+c)\{(a-b)^2+(b-c)^2+(c-a)^2\}+3abc$

임이 성립되므로 여기에 $a^3+b^3+c^3=3abc$를 대입하면

$$\frac{1}{2}(a+b+c)\{(a-b)^2+(b-c)^2+(c-a)^2\}=0$$

삼각형에서 a, b, c는 세 변의 길이므로 $a+b+c\neq 0$이다.

따라서 $(a-b)^2+(b-c)^2+(c-a)^2=0$

이 식을 풀면 $a=b$, $b=c$, $c=a$

$\therefore\ a=b=c$

따라서 세 변의 길이가 같은 삼각형은 정삼각형이다.

199

△ABC에서

$\tan A+\tan B+\tan C=\tan A\cdot\tan B\cdot\tan C$임을 증명하시오.

풀이 $\tan(A+B)=\dfrac{\tan A+\tan B}{1-\tan A\cdot\tan B}$ (탄젠트의 덧셈 법칙)

이때 △ABC는 $A+B+C=180°$이므로

$$\Leftrightarrow \tan(180°-C)=\frac{\tan A+\tan B}{1-\tan A\cdot\tan B}$$

$$\Leftrightarrow \frac{\tan180°-\tan C}{1+\tan180°\cdot\tan C}=\frac{\tan A+\tan B}{1-\tan A\cdot\tan B}(\tan180°=0)$$

$$\Leftrightarrow -\tan C=\frac{\tan A+\tan B}{1-\tan A\cdot\tan B}$$

$$\Leftrightarrow -\tan C+\tan A\cdot\tan B\cdot\tan C=\tan A+\tan B$$

$$\Leftrightarrow \tan A+\tan B+\tan C=\tan A\cdot\tan B\cdot\tan C$$

참고 탄젠트의 덧셈 법칙

① $\tan(\alpha+\beta)=\dfrac{\tan\alpha+\tan\beta}{1-\tan\alpha\cdot\tan\beta}$

② $\tan(\alpha-\beta)=\dfrac{\tan\alpha-\tan\beta}{1+\tan\alpha\cdot\tan\beta}$

200

$\triangle$ABC에서

$\sin A+\sin B+\sin C=4\cos\frac{A}{2}\cos\frac{B}{2}\cos\frac{C}{2}$임을 증명하시오.

풀이

$$\begin{aligned}\sin A+\sin B+\sin C &\overset{①}{=} 2\sin\frac{A+B}{2}\cos\frac{A-B}{2}+\sin C \quad ②\\ &=2\sin\frac{A+B}{2}\cos\frac{A-B}{2}+2\sin\frac{C}{2}\cos\frac{C}{2} \quad ③\\ &=2\cos\frac{C}{2}\cos\frac{A-B}{2}+2\sin\frac{C}{2}\cos\frac{C}{2}\\ &=2\cos\frac{C}{2}\left(\cos\frac{A-B}{2}+\sin\frac{C}{2}\right) \quad ④\\ &=2\cos\frac{C}{2}\left(\cos\frac{A-B}{2}+\cos\frac{A+B}{2}\right) \quad ⑤\\ &=2\cos\frac{C}{2}\cdot 2\cos\frac{A}{2}\cos\frac{B}{2}\\ &=4\cos\frac{A}{2}\cos\frac{B}{2}\cos\frac{C}{2}\end{aligned}$$

①의 과정은 $\sin A+\sin B=2\sin\frac{A+B}{2}\cos\frac{A-B}{2}$

(합을 곱으로 바꾸는 법칙)

②의 과정은 $\sin C=2\sin\frac{C}{2}\cos\frac{C}{2}$ (2배각 법칙)

③의 과정은 $\sin\frac{A+B}{2}=\cos\frac{C}{2}$

삼각형의 내각의 합은 180°이므로 $A+B+C=180°$

$$\sin\frac{A+B}{2}=\sin\frac{180^\circ-C}{2}=\sin\left(90^\circ-\frac{C}{2}\right)=\cos\frac{C}{2}$$

④의 과정은 $\sin\frac{C}{2}=\cos\frac{A+B}{2}$

삼각형의 내각의 합은 180°이므로 $A+B+C=180^\circ$

$$\sin\frac{C}{2}=\sin\frac{180^\circ-A-B}{2}=\sin\left\{90^\circ-\frac{(A+B)}{2}\right\}=\cos\frac{A+B}{2}$$

⑤의 과정은 $\cos\frac{A-B}{2}+\cos\frac{A+B}{2}=2\cos\frac{A}{2}\cos\frac{B}{2}$

(합을 곱으로 바꾸는 법칙)

201

헤론(Heron)의 삼각형의 넓이 공식을 증명하시오.

$S=\sqrt{p(p-a)(p-b)(p-c)}$ (단, $2p=a+b+c$)

풀이 $S=\frac{1}{2}ab\sin C$

$\Leftrightarrow \frac{1}{2}ab\sqrt{\sin^2 C}$

$\Leftrightarrow \frac{1}{2}ab\sqrt{1-\cos^2 C}$

$\Leftrightarrow \frac{1}{2}ab\sqrt{1-\left(\frac{a^2+b^2-c^2}{2ab}\right)^2}$

$\Leftrightarrow \sqrt{\frac{a^2b^2}{4}\left\{1-\frac{(a^2+b^2-c^2)^2}{4a^2b^2}\right\}}$

$\Leftrightarrow \sqrt{\frac{a^2b^2}{4}\left\{\frac{4a^2b^2-(a^2+b^2-c^2)^2}{4a^2b^2}\right\}}$

$\Leftrightarrow \sqrt{\frac{1}{16}\{4a^2b^2-(a^2+b^2-c^2)^2\}}$

$\Leftrightarrow \sqrt{\frac{1}{16}(2ab+a^2+b^2-c^2)(2ab-a^2-b^2+c^2)}$

$\Leftrightarrow \sqrt{\frac{1}{16}\{(a+b)^2-c^2\}\{c^2-(a-b)^2\}}$

$\Leftrightarrow \sqrt{\frac{1}{16}(a+b+c)(a+b-c)(c+a-b)(c-a+b)}$

여기서 $a+b+c=2p$라 놓으면

$$\Leftrightarrow \sqrt{\frac{1}{16}2p(2p-2c)(2p-2b)(2p-2a)}$$

$$\Leftrightarrow \sqrt{p(p-a)(p-b)(p-c)}$$

참고 삼각형에서 두 변의 길이의 합이 나머지 한 변의 길이와 같을 수는 없다. 따라서

$a+b-c \neq 0,\ c+a-b \neq 0,\ c-a+b \neq 0$

제 12 장

삼각함수의 심화

삼각함수의 공식

❖ 기본 공식

① $\tan\theta=\dfrac{\sin\theta}{\cos\theta}$

② $\sin^2\theta+\cos^2\theta=1$

③ $1+\tan^2\theta=\sec^2\theta$

④ $\sin\theta=\dfrac{1}{\mathrm{cosec}\theta}$, $\cos\theta=\dfrac{1}{\sec\theta}$, $\tan\theta=\dfrac{1}{\cot\theta}$

❖ 사인 정리

$$\frac{a}{\sin A}=\frac{b}{\sin B}=\frac{c}{\sin C}$$

❖ 제2코사인 정리

$$a^2=b^2+c^2-2bc\cos A$$

$$b^2=a^2+c^2=2ac\ \cos B$$

$$c^2=a^2+b^2-2ab\cos C$$

❖ 면적 공식

① 두 변의 길이와 그 끼인 각을 알 때,

$$S=\frac{1}{2}ab\sin C$$

② 세 변의 길이를 알 때,

$$S=\sqrt{p(p-a)(p-b)(p-c)}\ \left(단,\ p=\frac{a+b+c}{2}\right)$$

③ 세 변의 길이와 내접원의 반지름 r을 알 때,

$$S=\frac{r}{2}(a+b+c)$$

④ 세 변의 길이와 외접원의 반지름 R을 알 때,

$$S=\frac{abc}{4R}$$

❖ 삼각함수의 덧셈 정리

① 사인의 덧셈 정리

$$\sin(A+B)=\sin A\cdot\cos B+\cos A\cdot\sin B$$

$$\sin(A-B)=\sin A\cdot\cos B-\cos A\cdot\sin B$$

② 코사인의 덧셈 정리

$$\cos(A+B)=\cos A\cdot\cos B-\sin A\cdot\sin B$$

$$\cos(A-B)=\cos A\cdot\cos B+\sin A\cdot\sin B$$

③ 탄젠트의 덧셈 정리

$$\tan(A+B)=\frac{\tan A+\tan B}{1-\tan A\cdot\tan B}$$

$$\tan(A-B)=\frac{\tan A-\tan B}{1+\tan A\cdot\tan B}$$

❖ 2배각 공식

$\sin(A+B)$, $\cos(A+B)$, $\tan(A+B)$의 덧셈 정리에서 $A=B$일 때 유도된다.

① $\sin 2A=2\sin A\cdot\cos A$

② $\cos 2A=\cos^2 A-\sin^2 A$

❖ 3배각 공식

① $\sin 3A=3\sin A-4\sin^3 A$

② $\cos 3A=4\cos^3 A-3\cos A$

202

$\sin\theta = a$, $\tan\theta = b$일 때, $(1-a^2)(1+b^2)$의 값을 구하시오.

풀이 $(1-a^2)(1+b^2)$

$\Leftrightarrow (1-\sin^2\theta)(1+\tan^2\theta)$

$\Leftrightarrow \cos^2\theta(1+\tan^2\theta)$

$\Leftrightarrow \cos^2\theta\left(1+\dfrac{\sin^2\theta}{\cos^2\theta}\right)$

$\Leftrightarrow \cos^2\theta+\sin^2\theta$

$\Leftrightarrow 1$

$\therefore\ 1$

203

$(\sin\theta-\mathrm{cosec}\theta)^2-(\tan\theta-\cot\theta)^2+(\cos\theta-\sec\theta)^2$을 간단히 하시오.

풀이 $\mathrm{cosec}\theta=\dfrac{1}{\sin\theta}$, $\sec\theta=\dfrac{1}{\cos\theta}$, $\cot\theta=\dfrac{1}{\tan\theta}$이므로

$$\left(\sin\theta-\frac{1}{\sin\theta}\right)^2-\left(\tan\theta-\frac{1}{\tan\theta}\right)^2+\left(\cos\theta-\frac{1}{\cos\theta}\right)^2$$

$$\Leftrightarrow \sin^2\theta+\frac{1}{\sin^2\theta}-2-\left(\tan^2\theta+\frac{1}{\tan^2\theta}-2\right)+\cos^2\theta+\frac{1}{\cos^2\theta}-2$$

$$\Leftrightarrow \sin^2\theta+\cos^2\theta+\frac{1}{\sin^2\theta}+\frac{1}{\cos^2\theta}-\left(\tan^2\theta+\frac{1}{\tan^2\theta}\right)-2$$

$$\Leftrightarrow 1+\frac{\sin^2\theta+\cos^2\theta}{\sin^2\theta\cos^2\theta}-\left(\frac{\sin^2\theta}{\cos^2\theta}+\frac{\cos^2\theta}{\sin^2\theta}\right)-2$$

$$\Leftrightarrow -1+\frac{1}{\sin^2\cos^2\theta}-\frac{(\sin\theta)^4+(\cos\theta)^4}{\sin^2\theta\cos^2\theta}$$

$$\Leftrightarrow -1+\frac{1-\{(\sin^2\theta+\cos^2\theta)^2-2\sin^2\theta\cos^2\theta\}}{\sin^2\theta\cos^2\theta}$$

$$\Leftrightarrow -1+\frac{2\sin^2\theta\cos^2\theta}{\sin^2\theta\cos^2\theta}$$

$$\Leftrightarrow -1+2$$

$$\Leftrightarrow 1$$

$\therefore$ 1

204

$1-6\sin\theta=\sqrt{5-12\sin\theta}$일 때, $\sin\theta\cdot\cos 2\theta$의 값을 구하시오.

풀이 ① $1-6\sin\theta=\sqrt{5-12\sin\theta}>0$이므로

$\Leftrightarrow 1-6\sin\theta>0$ AND $5-12\sin\theta>0$

$\Leftrightarrow \sin\theta<\frac{1}{6}$ AND $\sin\theta<\frac{5}{12}$

$\Leftrightarrow \sin<\frac{1}{6}$

② $1-6\sin\theta=\sqrt{5-12\sin\theta}$

$\Leftrightarrow (1-6\sin\theta)^2=5-12\sin\theta$

$\Leftrightarrow 1-12\sin\theta+36\sin^2\theta=5-12\sin\theta$

$\Leftrightarrow 36\sin^2\theta=4$

$\Leftrightarrow \sin^2\theta=\frac{1}{9}$

$\Leftrightarrow \sin\theta=\pm\frac{1}{3}$ (①의 결과에서 $\sin\theta<\frac{1}{6}$)

$\Leftrightarrow \sin\theta=-\frac{1}{3}$

③ $\sin\theta\cdot\cos 2\theta=\sin\theta(1-2\sin^2\theta)$

$$=-\frac{1}{3}\left(1-\frac{2}{9}\right)=\frac{-7}{27}$$

이상으로 ①, ②, ③에 의해서

$\therefore\ -\frac{7}{27}$

205

삼각형에서 $x^2\sin A+2x\sin B+\sin C=0$이 중근을 가질 때, b^2-ac의 값을 구하시오.

풀이 $ax^2+bx+c=0$이 중근을 가지려면

$D=b^2-4ac=0$이어야 한다.

따라서 $D=4\sin^2 B-4\sin A\cdot\sin C=0$

$\Leftrightarrow \sin^2 B-\sin A\cdot\sin C=0\cdots\cdots\cdots①$

이때 사인 정리의 식을 k라 놓으면

$$\frac{a}{\sin A}=\frac{b}{\sin B}=\frac{c}{\sin C}=k\ (\text{단, } k\neq 0)$$

$$\Leftrightarrow \sin A=\frac{a}{k},\ \sin B=\frac{b}{k},\ \sin C=\frac{C}{k}$$

이 세 식을 ①에 대입하면

$$\sin^2 B-\sin A\cdot\sin C=0$$

$$\Leftrightarrow \left(\frac{b}{k}\right)^2-\frac{a}{k}\cdot\frac{c}{k}=0$$

$$\Leftrightarrow b^2-ac=0$$

$$\therefore\ b^2-ac=0$$

206

$\tan\theta = t$일 때 $\sin 2\theta$, $\cos 2\theta$, $\tan 2\theta$를 구하시오.

풀이 $\tan\theta = t$를 만족하는 삼각형을 정하면

$\sqrt{1+t^2}$

t

θ

1

$$\sin\theta = \frac{t}{\sqrt{1+t^2}},\ \cos\theta = \frac{1}{\sqrt{1+t^2}},\ \tan\theta = t$$

① $\sin 2\theta = 2\sin\theta\ \cos\theta$

$$= 2 \cdot \frac{t}{\sqrt{1+t^2}} \cdot \frac{1}{\sqrt{1+t^2}}$$

$$= \frac{2t}{1+t^2}$$

② $\cos 2\theta = 2\cos^2\theta - 1$

$$= \frac{2}{1+t^2} - 1$$

$$= \frac{1-t^2}{1+t^2}$$

③ $\tan 2\theta = \dfrac{2\tan\theta}{1-\tan^2\theta} = \dfrac{2t}{1-t^2}$

$$\therefore\ \sin 2\theta = \frac{2t}{1+t^2},\ \cos 2\theta = \frac{1-t^2}{1+t^2}$$

$$\tan 2\theta = \frac{2t}{1-t^2}$$

참고 2배각 공식

① $\sin 2\theta = 2\sin\theta\cos\theta$

② $\cos 2\theta = \cos^2\theta - \sin^2\theta = 2\cos^2\theta - 1 = 1 - 2\sin^2\theta$

③ $\tan 2\theta = \dfrac{2\tan\theta}{1-\tan^2\theta}$

207

나누어진 2개의 삼각형 $S_1=S_2$의 면적이 같아지도록 x의 값을 구하시오.

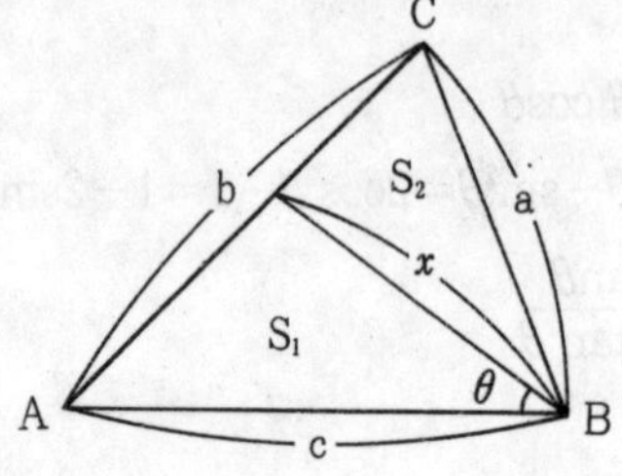

풀이 2등분된 ∠B의 한 각을 θ라 놓는다.

$S_1=S_2$이므로

$$\frac{1}{2}x\cdot c\sin\theta=\frac{1}{2}x\cdot a\cdot\sin(B-\theta)$$

$$\Leftrightarrow c\sin\theta=a\sin(B-\theta)$$

$$\Leftrightarrow c\sin\theta=a(\sin B\cos\theta-\cos B\sin\theta)$$

$$\Leftrightarrow c\sin\theta=a\sin B\cos\theta-a\cos B\cdot\sin\theta$$

$\Leftrightarrow (c+a\cos B)\sin\theta=a\sin B\cos\theta$, 양변을 제곱한다.

$$\Leftrightarrow (c^2+a^2\cos^2B+2ac\cos B)\sin^2\theta=a^2\sin^2B\cos^2\theta$$

$$=a^2\sin^2B(1-\sin^2\theta)$$

$$=a^2\sin^2B-a^2\sin^2B\sin^2\theta$$

$$\Leftrightarrow (c^2+a^2\cos^2B+2ac\cos B+a^2\sin^2B)\sin^2\theta=a^2\sin^2B$$

$$\Leftrightarrow (c^2+a^2+2ac\cos B)\sin^2\theta=a^2\sin^2B$$

이 식에 $\cos B=\dfrac{a^2+c^2-b^2}{2ac}$를 대입하면

$$\Leftrightarrow (2a^2+2c^2-b^2)(\sin^2\theta)=a^2\cdot\sin^2B$$

$$\Leftrightarrow \sin^2\theta=\frac{a^2\cdot\sin^2B}{2a^2+2c^2-b^2}$$

$$\Leftrightarrow \sin\theta = \frac{a \sin B}{\sqrt{2a^2+2c^2-b^2}} \text{ (단, } \sin\theta > 0)$$

한편 $\triangle ABC = S_1 + S_2 = 2S_1$이므로

$$\Leftrightarrow \frac{1}{2}ac\sin B = 2 \times \frac{1}{2}cx\sin\theta$$

$$\Leftrightarrow x = \frac{a \sin B}{2 \sin\theta}$$

여기에 ①을 대입하면

$$\therefore\ x = \frac{\sqrt{2a^2+2c^2-b^2}}{2}$$

예 a=b=c=1인 정삼각형의 면적을 2등분하는 x의 길이는

$$x = \frac{\sqrt{2a^2+2c^2-b^2}}{2} = \frac{\sqrt{3}}{2}$$

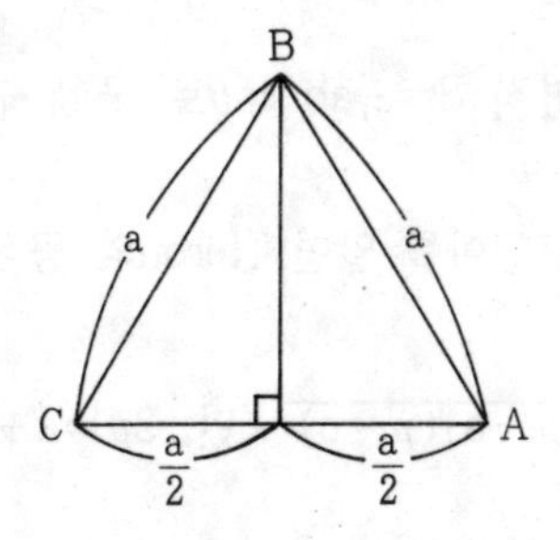

208

한 각과 두 변의 길이를 알 때, 삼각형의 넓이를 구하시오.

풀이 제2코사인 법칙을 이용한다.

$a^2=b^2+c^2-2bc\cos A$

$b^2=a^2+c^2-2ac\cos B$

$c^2=a^2+b^2-2ab\cos C$

이 식에 한 각과 두 변의 길이를 대입하여 풀면 다른 한 변의 길이를 알 수 있다.

따라서 삼각형의 면적 $S=\frac{1}{2}ab\sin\theta$로 구할 수 있다.

참고 삼각형의 세 변의 길이를 알면 Heron의 공식에 의해 면적을 쉽게 구할 수 있다.

$S=\sqrt{p(p-a)(p-b)(p-c)}$ (단, $2p=a+b+c$)

예 $a^2=b^2+c^2-2bc\cos A$에 의해

$b=\cos 80°+\sqrt{\cos^2 80°+3}\fallingdotseq 1.914$

따라서 면적 $S\fallingdotseq\frac{1}{2}\times1\times(1.914)\times\sin 80°$

$\fallingdotseq 0.94246$

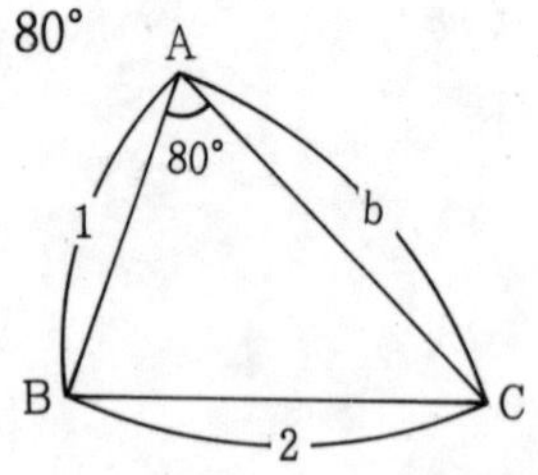

209

한 변의 길이와 두 각을 알 때, 삼각형의 넓이를 구하시오.

풀이 ① 삼각형에서 두 개의 각을 알고 있다면 나머지 한 각은 180°에서 두 개의 각을 빼면 된다. 즉 3각을 모두 알 수 있다.

② 한 변의 길이와 3개의 각을 알면, 사인 법칙

$$\frac{a}{\sin A}=\frac{b}{\sin B}=\frac{c}{\sin C}$$

에 의해 나머지 두 변의 길이를 모두 구할 수 있다.

①과 ②에 의해 세 변의 길이와 세 각을 구할 수 있으므로

삼각형의 면적 $S=\frac{1}{2}ab\sin\theta$로 구할 수 있다.

예

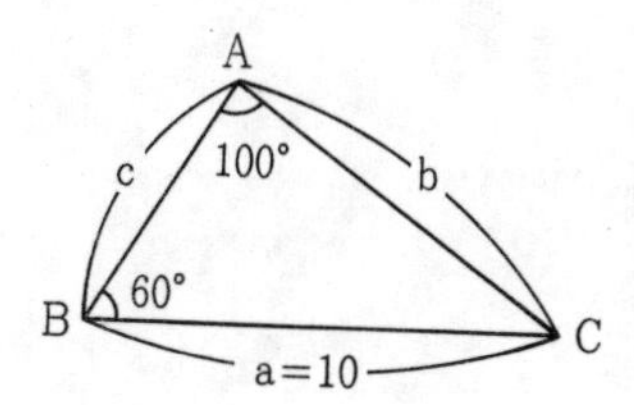

① $A+B+C=180°$이므로 $C=20°$

$\therefore\ A=100°,\ B=60°,\ C=20°$

② $\frac{a}{\sin A}=\frac{b}{\sin B}=\frac{c}{\sin C}$에 의해

$$\frac{10}{\sin 100°}=\frac{b}{\sin 60°}=\frac{c}{\sin 20°}$$

여기서 $b=\frac{10}{\sin 100°}\times\sin 60°$ 이고, $c=\frac{10}{\sin100°}\times\sin20°$

계산기를 사용하면 $b\fallingdotseq8.793$, $c\fallingdotseq3.473$

$\therefore\ a=10,\ b\fallingdotseq8.793,\ c\fallingdotseq3.473$

③ $s=\frac{1}{2}ab\sin C\fallingdotseq\frac{1}{2}\times10\times(8.793)(\sin20°)$

$\fallingdotseq15.037$

제 13 장

3°, 15°, 18°, 22.5°의 계산

3° 와 22.5°

❖ 특별한 최소의 각을 알고 있다면, 자와 컴퍼스만으로 정다각형을 작도할 수 있다.

만약 3°를 4칙연산과 평방근 연산을 통하여 대수적으로 나타낼 수 있다면 정 3각형, 정4각형, 정5각형, 정6각형, 정8각형, 정10각형, 정12각형, 정15각형, 정20각형 등을 작도할 수 있다.

또한 22.5°를 대수적으로 나타낼 수 있다면 정16각형도 작도할 수 있다.

❖ 정17각형의 작도는 가우스가 해냈다.

작도 불가능한 정다각형

❖ 정3각형에서 정20각형까지의 정다각형 중에서 작도 불가능한 정다각형은 다음과 같다.

정 7, 9, 11, 13, 14, 19각형

❖ 정n각형에서 한 각을 구하는 공식은

$$\frac{(n-2)\times 180^\circ}{n}$$

210

sin 3°의 값을 구하시오.

힌트 $\sin18° = \frac{-1+\sqrt{5}}{4}$, $\sin15° = \frac{\sqrt{6}-\sqrt{2}}{4}$를 이용한다.

풀이 $\cos18° = \sqrt{1-\sin^2 18°}$, $\cos15° = \sqrt{1-\sin^2 15°}$

$$= \sqrt{1-\left(\frac{-1+\sqrt{5}}{4}\right)^2} \qquad = \sqrt{1-\left(\frac{\sqrt{6}-\sqrt{2}}{4}\right)^2}$$

$$= \sqrt{1-\frac{6-2\sqrt{5}}{16}} \qquad = \sqrt{1-\frac{8-2\sqrt{12}}{16}}$$

$$= \sqrt{\frac{10+2\sqrt{5}}{16}} \qquad = \sqrt{\frac{8+2\sqrt{12}}{16}}$$

$$= \frac{\sqrt{10+2\sqrt{5}}}{4} \qquad = \frac{\sqrt{6}+\sqrt{2}}{4}$$

3°는 18°−15°이므로

$\sin3° = \sin(18°-15°)$

$\Leftrightarrow \sin3° = \sin18° \cdot \cos15° - \cos18° \cdot \sin15°$

$\Leftrightarrow \sin3° = \frac{-1+\sqrt{5}}{4} \cdot \frac{\sqrt{6}+\sqrt{2}}{4} - \frac{\sqrt{10+2\sqrt{5}}}{4} \cdot \frac{\sqrt{6}-\sqrt{2}}{4}$

$\Leftrightarrow \sin3° = \frac{1}{16}(\sqrt{30}+\sqrt{10}-\sqrt{6}-\sqrt{2}-\sqrt{60+12\sqrt{5}}$

$+\sqrt{20+4\sqrt{5}}\,)$

211

$\sin 15^\circ$의 값을 구하시오.

풀이 $\sin 15^\circ = \sin(45^\circ - 30^\circ)$

$$= \sin 45^\circ \cdot \cos 30^\circ - \cos 45^\circ \cdot \sin 30^\circ$$

$$= \frac{1}{\sqrt{2}} \cdot \frac{\sqrt{3}}{2} - \frac{1}{\sqrt{2}} \cdot \frac{1}{2}$$

$$= \frac{\sqrt{3}-1}{2\sqrt{2}}$$

$$= \frac{\sqrt{6}-\sqrt{2}}{4}$$

$$\therefore \sin 15^\circ = \frac{\sqrt{6}-\sqrt{2}}{4}$$

참고 ① 사인의 덧셈 정리

$$\sin(\alpha+\beta) = \sin\alpha\cos\beta + \cos\alpha\sin\beta$$

$$\sin(\alpha-\beta) = \sin\alpha\cos\beta - \cos\alpha\sin\beta$$

② 코사인의 덧셈 정리

$$\cos(\alpha+\beta) = \cos\alpha\cos\beta - \sin\alpha\sin\beta$$

$$\cos(\alpha-\beta) = \cos\alpha\cos\beta + \sin\alpha\sin\beta$$

③ 탄젠트의 덧셈 정리

$$\tan(\alpha+\beta) = \frac{\tan\alpha + \tan\beta}{1 - \tan\alpha \cdot \tan\beta}$$

$$\tan(\alpha-\beta) = \frac{\tan\alpha - \tan\beta}{1 + \tan\alpha \cdot \tan\beta}$$

212

sin18°의 값을 구하시오.

힌트 $\sin(2\times 18°)=\sin(90°-3\times 18°)$

풀이 $18°=\theta$라 놓으면

$\Leftrightarrow \sin 2\theta=\sin(90°-3\theta)$

$\Leftrightarrow \sin 2\theta=\sin 90°\cos 3\theta-\cos 90°\sin 3\theta$ ($\sin 90°=1$, $\cos 90°=0$)

$\Leftrightarrow \sin 2\theta=\cos 3\theta$

$\cos 3\theta$는 3배각 공식을 이용한다.

$\Leftrightarrow 2\sin\theta\cos\theta=4\cos^3\theta-3\cos\theta$ ($\theta=18°$일 때, $\cos\theta\neq 0$)

$\Leftrightarrow 2\sin\theta=4\cos^2\theta-3$

$\Leftrightarrow 2\sin\theta=4(1-\sin^2\theta)-3$

$\Leftrightarrow 2\sin\theta=1-4\sin^2\theta$

$\Leftrightarrow 4\sin^2\theta+2\sin\theta-1=0$

$\Leftrightarrow \sin\theta=\dfrac{-1\pm\sqrt{5}}{4}$ (단, $\sin 18°>0$)

$\therefore\ \sin\theta=\dfrac{-1+\sqrt{5}}{4}$

참고 3배각 공식

① $\sin 3\theta=3\sin\theta-4\sin^3\theta$

② $\cos 3\theta=4\cos^3\theta-3\cos\theta$

③ $\tan 3\theta=\dfrac{3\tan\theta-\tan^3\theta}{1-3\tan^2\theta}$

213

$\sin\frac{\pi}{8}$의 값을 구하시오. (단, $\pi=180°$)

풀이 $\sin\frac{\pi}{8}=\sin\left(\frac{180°}{8}\right)=\sin\left(\frac{45°}{2}\right)$

반각의 법칙 $\sin^2\frac{\theta}{2}=\frac{1-\cos\theta}{2}$를 이용한다.

$$\left(\sin\frac{45°}{2}\right)^2=\frac{1-\cos45°}{2}$$
$$=\frac{1}{2}\left(1-\frac{1}{\sqrt{2}}\right)$$
$$=\frac{1}{2}\left(1-\frac{\sqrt{2}}{2}\right)$$
$$=\frac{1}{2}\left(\frac{2-\sqrt{2}}{2}\right)$$
$$=\frac{2-\sqrt{2}}{4}$$

$$\therefore\ \sin\frac{\pi}{8}=\sin\left(\frac{45°}{2}\right)=\sin(22.5°)=\frac{\sqrt{2-\sqrt{2}}}{2}$$

제 14 장

드 모와브르의 정리

복소수의 극형식

❖ 복소수 평면에서 좌표를 다음처럼 나타낼 수 있다.

$z=\mathrm{a}+\mathrm{b}i$이고, $\cos\theta=\dfrac{\mathrm{a}}{\sqrt{\mathrm{a}^2+\mathrm{b}^2}}$, $\sin\theta=\dfrac{\mathrm{b}}{\sqrt{\mathrm{a}^2+\mathrm{b}^2}}$일 때,

z는 $z=\sqrt{\mathrm{a}^2+\mathrm{b}^2}(\cos\theta+i\sin\theta)$으로 나타낼 수 있다.

이것을 복소수의 극형식이라고 한다.

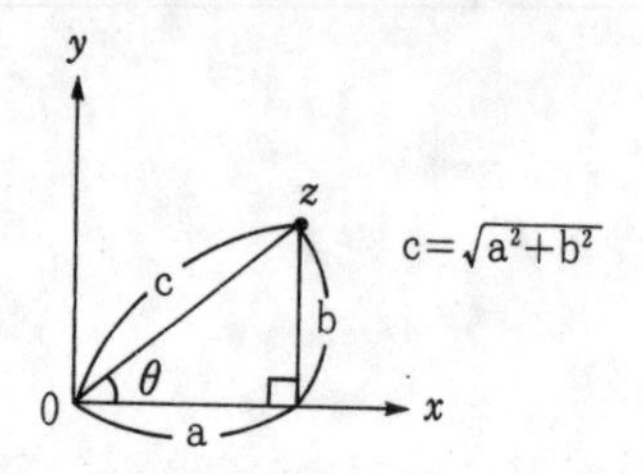

드 므와브르의 정리

❖ n이 유리수일 때,

$(\cos\theta+i\sin\theta)^n=\cos(n\theta)+i\sin(n\theta)$

214

다음 드 모와브르의 정리를 이용하여 $x^n = r(\cos\theta + i\sin\theta)$ $(r>0)$의 x값을 구하시오.
$(\cos\theta + i\sin\theta)^k = \cos k\theta + i\sin k\theta$ (단, k는 유리수)

풀이 $x^n = r(\cos\theta + i\sin\theta)$이므로

$$\Leftrightarrow x = \{r(\cos\theta + i\sin\theta)\}^{\frac{1}{n}}$$

$$\Leftrightarrow x = n\sqrt{r}\left(\cos\frac{\theta}{n} + i\sin\frac{\theta}{n}\right)$$

이때 θ를 일반각으로 놓으면

$$\Leftrightarrow x = n\sqrt{r}\left(\cos\frac{2k\pi+\theta}{n} + i\sin\frac{2k\pi+\theta}{n}\right)$$

(단, $k=0, 1, 2, \cdots, n-1$)

따라서

$$\therefore\ x = \begin{cases} \sqrt[n]{r}\left(\cos\frac{\theta}{n} + i\sin\frac{\theta}{n}\right) & (t=0\text{일 때}) \\ \sqrt[n]{r}\left(\cos\frac{2\pi+\theta}{n} + i\sin\frac{2\pi+\theta}{n}\right) & (k=1\text{일 때}) \\ \vdots & \vdots \\ \sqrt[n]{r}\left(\cos\frac{2(n-1)\pi+\theta}{n} + i\sin\frac{2(n-1)\pi+\theta}{n}\right) & \end{cases}$$

$(k=n-1$일 때)

참고 이항방정식 $x^n = \mathrm{A}$의 해법

① $\mathrm{A} = r(\cos\theta + i\sin\theta)$ (단, $r>0$)으로 고친다.

② $x = \sqrt[n]{r}\left(\cos\frac{2k\pi+\theta}{n} + i\sin\frac{2k\pi+\theta}{n}\right)$

(단, $k=0, 1, 2, \cdots, n-1$)

215

$x^2=i$의 x값을 구하시오. (단, $i=\sqrt{-1}$)

풀이 $x=r(\cos\theta+i\sin\theta)$라고 놓으면

$$\Leftrightarrow x^2=r^2(\cos\theta+i\sin\theta)^2=r^2(\cos2\theta+i\sin2\theta)$$

이때 $i=0+i=\cos\frac{\pi}{2}+i\sin\frac{\pi}{2}$이므로

주어진 식 $x^2=i$는 다음과 같다.

$$\Leftrightarrow r^2(\cos2\theta+i\sin2\theta)=\cos\frac{\pi}{2}+i\sin\frac{\pi}{2}$$

$$\Leftrightarrow r=1,\ 2\theta=2k\pi+\frac{\pi}{2}$$

$$\Leftrightarrow r=1,\ \theta=\left(\frac{4k+1}{4}\right)\pi$$

따라서 $x=r(\cos\theta+i\sin\theta)$

$$\Leftrightarrow x=\cos\frac{(4k+1)\pi}{4}+i\sin\frac{(4k+1)\pi}{4}$$

① $k=0$일 때,

$$x=\cos\frac{\pi}{4}+i\sin\frac{\pi}{4}=\frac{\sqrt{2}}{2}+\frac{\sqrt{2}}{2}i$$

② $k=1$일 때,

$$x=\cos\frac{5}{4}\pi+\mathrm{i}\sin\frac{5}{4}\pi=-\frac{\sqrt{3}}{2}-\frac{\sqrt{3}}{2}i$$

이상으로 ①과 ②에 의해서

$$\therefore\ x=\frac{\sqrt{2}}{2}+\frac{\sqrt{2}}{2}i,\ -\frac{\sqrt{2}}{2}-\frac{\sqrt{2}}{2}i$$

216

$x^3=i$의 x값을 구하시오. (단, $i=\sqrt{-1}$)

풀이 $x=r(\cos\theta+i\sin\theta)$라고 놓으면

$$\Leftrightarrow x^3=r^3(\cos3\theta+i\sin3\theta)$$

이때 $i=0+i=\cos\frac{\pi}{2}+i\sin\frac{\pi}{2}$이므로, 주어진 식 $x^3=i$는

$$\Leftrightarrow r^3(\cos3\theta+i\sin3\theta)=\cos\frac{\pi}{2}+i\sin\frac{\pi}{2}$$

$$\Leftrightarrow r=1,\ 3\theta=2k\pi+\frac{\pi}{2}$$

$$\Leftrightarrow r=1,\ \theta=\left(\frac{4k+1}{6}\right)\pi$$

따라서 $x=\cos\left(\frac{4k+1}{6}\pi\right)+i\sin\left(\frac{4k+1}{6}\pi\right)$

① $k=0$일 때,

$$x=\cos\frac{\pi}{6}+i\sin\frac{\pi}{6}=\frac{\sqrt{3}}{2}+\frac{1}{2}i$$

② $k=1$일 때,

$$x=\cos\frac{5}{6}\pi+i\sin\frac{5}{6}\pi=-\frac{\sqrt{3}}{2}+\frac{1}{2}i$$

③ $k=2$일 때,

$$x=\cos\frac{9}{6}\pi+i\sin\frac{9}{6}\pi=-i$$

이상으로 ①, ②, ③에 의해서

$$\therefore\ x=\frac{\sqrt{3}}{2}+\frac{1}{2}i,\ -\frac{\sqrt{3}}{2}+\frac{1}{2}i,\ -i$$

217

$M^3=i$일 때, M값을 구하시오. (단, $i=\sqrt{-1}$)

풀이 $M=x+yi$라 놓으면

$$M^3=i$$
$$\Leftrightarrow (x+yi)^3=i$$
$$\Leftrightarrow x^3-3xy^2+(3x^2y-y^3)i=i$$
$$\Leftrightarrow x^3-3xy^2=0 \text{ AND } 3x^2y-y^3=1$$
$$\Leftrightarrow x(x^2-3y^2)=0 \text{ AND } 3x^2y-y^3=1$$

① $x=0$일 때,

$$y^3=-1$$
$$\Leftrightarrow (y+1)(y^2-y+1)=0$$
$$\Leftrightarrow y=-1,\ \frac{1\pm\sqrt{3}\ i}{2}$$

따라서 $M=-i,\ \dfrac{\pm\sqrt{3}+i}{2}$

② $x^2=3y^2$일 때,

결과는 ①의 경우와 같다. (풀이 생략)

따라서 ①과 ②에 의해

$$\therefore\ M=-i,\ \frac{\sqrt{3}+i}{2},\ \frac{-\sqrt{3}+i}{2}$$

제 15 장

유클리드 호제법

유클리드

❖ 유클리드(Euclid)는 기원전 330년에 태어난 사람으로 13권으로 이루어져 있는 『기하학 원론』이라는 책을 썼다.

① 제1권에서 제4권까지는 평면기하학을 다루고 있다.

② 제5권, 제6권은 비례의 기본 정리와 응용에 관하여 다루고 있다.

③ 제7, 8, 9권은 수론을 다루고 있다.

④ 제10권은 무리수를 다루고 있다.

⑤ 제11, 12, 13권은 입체도형을 다루고 있다.

❖ 기하학에는 왕도(王道)가 없다.

유클리드 호제법

❖ 두 자연수의 최대공약수를 찾는 방법으로 인수분해가 잘 안될 때 사용한다. 그 기본 원리는 다음과 같다.

두 자연수를 a, b $(a>b)$라 놓으면 나누기 연산에 의하여

$a=(\text{몫})\cdot b+(\text{나머지})$

이때 GCD(a, b)=GCD(b, 나머지)임이 성립하며, 이것을 유한 반복하면 a, b의 최대공약수를 찾을 수 있다.

218

187과 731의 최대공약수를 구하시오.

풀이 유클리드 호제법을 사용한다.

(731, 187)　$731=187\times3+170$

(187, 170)　$187=170\times1+17$

(170, 17)　$170=17\times9+17$

(17, 17)　$17=17\times1+0$

따라서 $731=17\times43$, $187=17\times11$

$\therefore$ 최대공약수$=17$

219

679와 357의 최대공약수를 구하시오.

풀이 유클리드 호제법을 사용한다.

(679, 357) $679=357\times2+322$

(357, 322) $357=322\times1+35$

(322, 35) $322=35\times9+7$

(35, 7) $35=7\times4+7$

(7, 7) $7=7\times1+0$

따라서 $679=7\times97$, $357=7\times51$

$\therefore$ 최대공약수$=7$

220

유클리드의 호제법을 사용하면 소수를 분수로 바꿀 수 있다. 그 방법은 역수(뒤집기)를 반복하여 정수만을 분리하면 된다.

$\sqrt{2}$를 분수로 바꾸시오. (단, $\sqrt{2}=1.414213562\cdots$)

풀이 ① 먼저 정수 부분을 분리한다.

$$\sqrt{2}=1.414213562\cdots$$

$$\Leftrightarrow \sqrt{2}=1+0.414213562\cdots \ (\text{정수 부분}=1)$$

② 역수를 만들어 정수 부분을 분리한다.

$$\frac{1}{0.414213562}=2+0.414213562\cdots \ (\text{정수 부분}=2)$$

$$\frac{1}{0.414213562}=2+0.414213562\cdots \ (\text{정수 부분}=2)$$

$$\vdots$$

따라서 정수 부분만을 적으면

$$\sqrt{2}=(1,\ 2,\ 2,\ \cdots)$$

$$\therefore \ \sqrt{2}=1+\cfrac{1}{2+\cfrac{1}{2+\cfrac{1}{2+\cdots}}}$$

참고 $\sqrt{2}$의 분수식을 직접 계산해 보면,

$$1+\left(\frac{1}{2},\ \frac{2}{5},\ \frac{5}{12},\ \frac{12}{29},\ \frac{29}{70},\ \frac{70}{169},\ \frac{169}{408},\ \cdots\right)$$

$$\Leftrightarrow 1.5,\ 1.4,\ 1.416,\ 1.4137,\ 1.41428,\ 1.41420,\ 1.414215,\ \cdots$$

221

유클리드의 호제법을 사용하여 $\sqrt{2}$를 분수로 바꾸시오.

풀이 ① 정수 부분을 분리한다.

$\sqrt{2}=1+(\sqrt{2}-1)$ (정수 부분=1)

② 역수에서 정수 부분을 분리한다.

$\frac{1}{\sqrt{2}-1}=\sqrt{2}+1=2+(\sqrt{2}-1)$ (정수 부분=2)

$\frac{1}{\sqrt{2}-1}=\sqrt{2}+1=2+(\sqrt{2}-1)$ (정수 부분=2)

$\vdots$

따라서 정수 부분만을 적으면

$\sqrt{2}=(1, 2, 2, \cdots)$

$$\therefore\ \sqrt{2}=1+\cfrac{1}{2+\cfrac{1}{2+\cfrac{1}{2+\cdots}}}$$

222

유클리드의 호제법을 사용하여 $\sqrt{3}$을 분수로 바꾸시오.

풀이 ① 정수 부분을 분리한다.

$$\sqrt{3}=1+(\sqrt{3}-1) \qquad (\text{정수 부분}=1)$$

② 분수에서 정수 부분을 분리한다.

$$\frac{1}{\sqrt{3}-1}=\frac{\sqrt{3}+1}{2}=\frac{2+(\sqrt{3}-1)}{2}=1+\frac{\sqrt{3}-1}{2}$$

$$(\text{정수 부분}=1)$$

$$\frac{2}{\sqrt{3}-1}=\sqrt{3}+1=2+(\sqrt{3}-1) \qquad (\text{정수 부분}=2)$$

$$\frac{1}{\sqrt{3}-1}=1+\frac{\sqrt{3}-1}{2} \qquad (\text{정수 부분}=1)$$

$$\frac{2}{\sqrt{3}-1}=2+(\sqrt{3}-1) \qquad (\text{정수 부분}=2)$$

$$\vdots$$

따라서 정수 부분만을 적으면

$$\sqrt{3}=(1,\ 1,\ 2,\ 1,\ 2,\ \cdots)$$

$$\therefore\ \sqrt{3}=1+\cfrac{1}{1+\cfrac{1}{2+\cfrac{1}{1+\cdots}}}$$

223

유클리드의 호제법을 사용하여 e를 분수로 바꾸시오.
(단, $e=2.718281828\cdots$)

풀이 ① 정수 부분을 분리한다.

$e=2+0.718281828\cdots$ (정수 부분=2)

② 역수에서 정수 부분을 분리한다.

$\frac{1}{0.718281828\cdots}=1+0.392211191\cdots$ (정수 부분=1)

$\frac{1}{0.392211191\cdots}=2+0.549646778\cdots$ (정수 부분=2)

$\frac{1}{0.549646778\cdots}=1+0.819350244\cdots$ (정수 부분=1)

$\frac{1}{0.819350244\cdots}=1+0.220479285\cdots$ (정수 부분=1)

$\frac{1}{0.220479285\cdots}=4+0.535573484\cdots$ (정수 부분=4)

$\vdots$

따라서 정수 부분만을 적으면

$e=(2,\ 1,\ 2,\ 1,\ 1,\ 4,\ \cdots)$

$$\therefore\ e=2+\cfrac{1}{1+\cfrac{1}{2+\cfrac{1}{1+\cdots}}}$$

참고 $e=2+\cfrac{1}{1+\cfrac{1}{2+\cfrac{2}{3+\cfrac{3}{4+\cfrac{4}{5+\cfrac{5}{\cdots}}}}}}$

e를 직접 계산해 보면,

$$e=2+\cfrac{1}{1+\cfrac{1}{2+\cfrac{2}{3+\cfrac{3}{4+\left(\frac{4}{10}\right)}}}}=2+\cfrac{1}{1+\cfrac{1}{2+\cfrac{2}{3+\left(\frac{15}{22}\right)}}}$$

$$=2+\cfrac{1}{1+\cfrac{1}{2+\left(\frac{44}{81}\right)}}=2+\cfrac{1}{1+\left(\frac{81}{206}\right)}=2+\frac{206}{287}$$

$$=2.717\cdots$$

제 16 장

초월수 π, e

초월수

❖ 실수는 크게 유리수, 무리수, 초월수로 나눈다.

초월수란 대수방정식의 근이 될 수 없는 수를 뜻한다.

예를 들면 2차방정식 $x^2-3=0$의 근 $\sqrt{3}$은 방정식의 근이므로 결코 초월수는 아니다.

초월수의 π, e

❖ 헤르미트(Hermite)는 1873년 자연로그의 밑 e가 초월수임을 증명하였다.

❖ 린데만(Lindemann)은 1882년 원주율 π가 초월수임을 증명하였다.

Euler의 상수

❖ $\lim_{n\to\infty}\left(1+\frac{1}{2}+\frac{1}{3}+\cdots+\frac{1}{n}-\log n\right)$인 수를 오일러(Euler) 상수라 하는데, 현재까지 이 수가 초월수인지 아닌지는 알려지지 않았다.

오일러 상수$=0.5772156649015328606065120900 82\cdots$

224

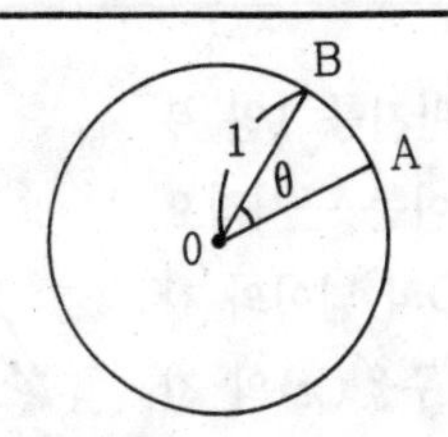

θ가 매우 작을 때, 반지름 1인 부채꼴 ◁OAB의 넓이는 근사적으로 △OAB의 넓이와 같아짐을 이용하여 원주율(π)의 값을 구하시오.

풀이 $\lim_{\theta \to 0}$ ◁OAB=△OAB를 이용한다.

△OAB$=\frac{1}{2}\sin\theta$이므로

원의 전체 넓이$=\frac{360°}{\theta}\cdot\frac{1}{2}\sin\theta=\frac{180°}{\theta}\sin\theta$

이때 원의 넓이는 πr^2에서 $r=1$이므로 π이다.

$$\therefore\ \pi=\frac{180°}{\theta}\sin\theta$$

예 계산기를 사용하여 π를 구해 보자

$\theta=1°$, $\pi \fallingdotseq 180\cdot\sin1°=3.1414331$

$\theta=0.1°$, $\pi \fallingdotseq 1800\cdot\sin0.1°=3.1415910$

참고 θ가 매우 작으면

$\sqrt{2-2\cos\theta} \fallingdotseq \sin\theta$

225

θ가 매우 작을 때, 반지름 1인 부채꼴 ⊲ABD의 넓이는 근사적으로 사각형 □ABCD의 넓이와 같아짐을 이용하여 원주율(π)의 값을 구하시오.

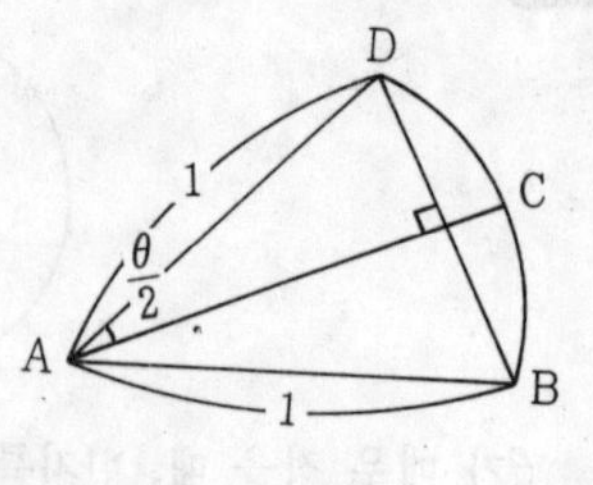

풀이 $\overline{BD}$의 길이는 제2코사인 법칙에 의해

$$\overline{BD}^2=1+1-2\cos\theta=2-2\cos\theta$$

$$\therefore \overline{BD}=\sqrt{2-2\cos\theta}$$

따라서 $\square ABCD=\frac{1}{2}\overline{AC}\cdot\overline{BD}=\frac{1}{2}\sqrt{2-2\cos\theta}$

$$\therefore ⊲ABD \fallingdotseq \frac{1}{2}\sqrt{2-2\cos\theta}$$

이때 반지름 1인 원의 넓이는 π이다.

$$\pi=\frac{360°}{\theta}\times ⊲ABD$$

$$\therefore \pi=\frac{180°}{\theta}\sqrt{2-2\cos\theta}$$

예 계산기를 사용하여 π를 구해 보자.

$\theta=1°$, $\pi=180\sqrt{2-2\cos1°}=3.1415528$

$\theta=0.1°$, $\pi\fallingdotseq1800\sqrt{2-2\cos0.1°}=3.1415956$

226

$$a_n=\frac{(-1)^{n+1}}{2n-1}\left(\frac{4}{5^{2n-1}}-\frac{1}{239^{2n-1}}\right)$$ **일 때,**

$\pi=4(a_1+a_2+a_3+\cdots)$임을 이용하여 원주율($\pi$)의 값을 구하시오.

풀이 ① $a_1=\frac{4}{5}-\frac{1}{239}=0.795815899$

② $a_2=\frac{-1}{3}\left(\frac{4}{5^3}-\frac{1}{239^3}\right)=-0.010666642$

③ $a_3=\frac{1}{5}\left(\frac{4}{5^5}-\frac{1}{239^5}\right)=0.000255999$

이를 이용하여 π를 계산해 보자.

①′ $\pi=4a_1=3.183263598$

②′ $\pi=4(a_1+a_2)=3.14059703$

③′ $\pi=4(a_1+a_2+a_3)=3.141621026$

⋮

참고 $\pi \fallingdotseq 3.14159\ 26535\ 89793\ 23846\ 26433\cdots$

227

수열 $a_0=0$, $a_n=\sqrt{\frac{1}{2}+\frac{1}{2}a_{n-1}}$ 일 때,

$$\pi=\frac{2}{a_1\cdot a_2\cdot a_3\cdot\cdots}$$

임을 이용하여 원주율(π)의 값을 구하시오.

풀이 ① $a_1=\sqrt{\frac{1}{2}+\frac{1}{2}a_0}=\sqrt{\frac{1}{2}}=0.70710678$

② $a_2=\sqrt{\frac{1}{2}+\frac{1}{2}a_1}=0.92387953$

③ $a_3=\sqrt{\frac{1}{2}+\frac{1}{2}a_2}=0.98078528$

④ $a_4=\sqrt{\frac{1}{2}+\frac{1}{2}a+_3}=0.99518472$

⑤ $a_5=\sqrt{\frac{1}{2}+\frac{1}{2}a_4}=0.99759236$

이를 이용하여 π를 계산해 보자.

①′ $\pi=\frac{2}{a_1}=2.828427125$

②′ $\pi=\frac{2}{a_1\cdot a_2}=3.061467461$

③′ $\pi=\frac{2}{a_1\cdot a_2\cdot a_3}=3.121445155$

④′ $\pi=\frac{2}{a_1\cdot a_2\cdot a_3\cdot a_4}=3.136548494$

⑤′ $\pi=\frac{2}{a_1\cdot a_2\cdot a_3\cdot a_4\cdot a_5}=3.14411839$

⋮

228

$\pi=2\sqrt{3}\left(1-\frac{1}{3\cdot 3}+\frac{1}{5\cdot 3^2}-\frac{1}{7\cdot 3^3}+\frac{1}{9\cdot 3^4}-\cdots\right)$일 때,

π의 값을 $\left(\frac{1}{7\cdot 3^3}\right)$항까지 구하시오.

풀이 $\pi=2\sqrt{3}\left(1-\frac{1}{9}+\frac{1}{45}-\frac{1}{189}\right)$

$=2\sqrt{3}\left(\frac{8}{9}+\frac{1}{45}-\frac{1}{189}\right)$

$=2\sqrt{3}\left(\frac{41}{45}-\frac{1}{189}\right)$

$=2\sqrt{3}\left(\frac{861}{945}-\frac{5}{945}\right)$

$=2\sqrt{3}\cdot\frac{856}{945}=\sqrt{3}\cdot\frac{1712}{945}$

$\fallingdotseq 3.137852892$

$\therefore\ \pi\fallingdotseq 3.137852892$

229

$\frac{\pi}{4}=\tan^{-1}\left(\frac{1}{2}\right)+\tan^{-1}\left(\frac{1}{5}\right)+\tan^{-1}\left(\frac{1}{8}\right)$일 때,

π의 값을 구하시오. (단, $\tan^{-1}$은 radian 계산)

풀이 ① $\tan^{-1}\left(\frac{1}{2}\right)=\tan^{-1}(0.5)=0.463647609$

② $\tan^{-1}\left(\frac{1}{5}\right)=\tan^{-1}(0.2)=0.197395559$

③ $\tan^{-1}\left(\frac{1}{8}\right)=\tan^{-1}(0.125)=0.124354994$

이 세 항을 모두 더하면

$\frac{\pi}{4}\fallingdotseq 0.785398163$

$\Leftrightarrow \pi\fallingdotseq 4\times 0.785398163$

$\therefore\ \pi\fallingdotseq 3.141592654$

230

$\frac{\pi}{4}=1-\frac{1}{3}+\frac{1}{5}-\frac{1}{7}+\frac{1}{9}-\frac{1}{11}+\cdots$일 때,

π의 값을 $\left(\frac{1}{9}\right)$항까지 구하시오.

풀이 $\frac{\pi}{4}=1-\frac{1}{3}+\frac{1}{5}-\frac{1}{7}+\frac{1}{9}$

$\Leftrightarrow \frac{\pi}{4}=\frac{2}{3}+\frac{2}{35}+\frac{1}{9}$

$\Leftrightarrow \frac{\pi}{4}=\frac{7}{9}+\frac{2}{35}$

$\Leftrightarrow \frac{\pi}{4}=\frac{263}{315}$

$\Leftrightarrow \pi=\frac{1052}{315}=3.33968254$

$\therefore\ \pi \fallingdotseq 3.33968254$

231

$e=1+\frac{1}{1!}+\frac{1}{2!}+\frac{1}{3!}+\frac{1}{4!}+\frac{1}{5!}+\cdots$일 때,

e의 값을 $\left(\frac{1}{5!}\right)$항까지 구하시오.

풀이 $e=1+1+\frac{1}{2}+\frac{1}{6}+\frac{1}{24}+\frac{1}{120}$

$=2+\frac{4}{6}+\frac{1}{24}+\frac{1}{120}$

$=2+\frac{17}{24}+\frac{1}{120}$

$=2+\frac{86}{120}$

$=2+\frac{43}{60}$

$=2.71\dot{6}$

$\therefore\ e\fallingdotseq 2.71\dot{6}$

참고 $e\fallingdotseq 2.71828\ 16284\ 59045\ 23536\ 02874\cdots$

232

양수 a가 크면 클수록

$$e \fallingdotseq \left(1+\frac{1}{a}\right)^{a}$$ **가 된다고 한다.**

a가 1, 10, 100, 1000, 10000일 때의 e의 값을 구하시오.

풀이 ① a=1일 때, $e=(1+1)^{1}=(2)^{1}=2$

② a=10일 때, $e=(1+0.1)^{10}=(1.1)^{10}=2.59374246$

③ a=100일 때, $e=(1+0.01)^{100}=(1.01)^{100}=2.704813829$

④ a=1000일 때, $e=(1+0.001)^{1000}=(1.001)^{1000}$
$=2.716923932$

⑤ a=10000일 때, $e=(1+0.0001)^{10000}=(1.0001)^{10000}$
$=2.718145927$

제 17 장

지수와 로그

지수의 기본 정리

❖ a, b>0이고 m, n이 유리수일 때,

① $a^m \cdot a^n = a^{m+n}$

② $a^m \div a^n = a^{m-n}$

③ $(ab)^m = a^m b^m$

④ $(a^m)^n = a^{mn}$

⑤ $\sqrt[m]{a} = a^{\frac{1}{m}}$

⑥ $a^{-m} = \frac{1}{a^m}$

로그의 기본 정리

❖ $\log_a N$에서 a를 밑, N을 진수라 한다.($a>0$, $a \neq 1$, $N>0$)

❖ $a>0$, $a \neq 1$, $A>0$, $B>0$이고 b가 실수일 때,

① $\log_a 1 = 0$

② $\log_a a = 1$

③ $\log_a AB = \log_a A + \log_a B$

④ $\log_a \left(\frac{A}{B}\right) = \log_a A - \log_a B$

⑤ $\log_a A^b = b\log_a A$

⑥ $\log_B A = \frac{\log_a A}{\log_a B}$

로그의 대소

❖ $A>0$, $B>0$일 때,

① $a>1$일 때, $\log_a A > \log_a B \Leftrightarrow A>B$

② $0<a<1$일 때, $\log_a A>\log_a B \Leftrightarrow A<B$

③ $a>0$, $a\neq1$일 때, $\log_a A=\log_a B \Leftrightarrow A=B$

상용로그

❖ 밑이 10인 로그를 상용로그라 한다.

❖ $\log_{10}A=n+a$ $(0\leq a<1$, n은 정수)에서 정수부분 n을 지표라고 하며 a를 가수라고 한다.

자연로그

❖ 밑이 e인 로그를 자연로그 또는 네피어(Napier)로그라 하고, 일반적으로 밑을 생략한다. (단, $\log_e A=\log A$)

❖ e는 초월수로 다음 식에 의해 나타낸다.

$$e=\lim_{n\to\infty}\left(1+\frac{1}{n}\right)^n=\sum_{n=0}^{\infty}\frac{1}{n!}=2.7182818\cdots$$

❖ e의 관련 표기법

$\log_e x=\log x=ln(x)$

$e^x=\exp(x)$

❖ e의 관련 공식

$$\log x=\int_1^x\frac{1}{x}dx$$

$$e^x=\sum_{n=0}^{\infty}\frac{x^n}{n!}$$

233

[I] $\log_a A^p = p\log_a A$

[II] $\log_a A = \dfrac{\log_b A}{\log_b a}$

이 두 법칙을 이용하여

$\log_{a^p} A^q = \dfrac{q}{p}\log_a A$,

$\log_a b = \dfrac{1}{\log_b a}$,

$a^{\log_a b} = b$,

$a^{\log_c b} = b^{\log_c a}$를 증명하시오.

풀이

① $\log_{a^p} A^q$([II]법칙 적용)

$= \dfrac{\log_b A^q}{\log_b a^p} = \dfrac{q\log_b A}{p\log_b a}$ ([I], [II] 법칙을 역으로 적용)

$= \dfrac{q}{p}\log_a A$

$\therefore\ \log_{a^p} A^q = \dfrac{q}{p}\log_a A$

② $\dfrac{1}{\log_b a}$([II]법칙 적용)

$= \dfrac{1}{\left\{\dfrac{\log_c a}{\log_c b}\right\}} = \dfrac{\log_c b}{\log_c a}$ ([II]법칙을 역으로 적용)

$= \log_a b$

$\therefore\ \log_a b = \dfrac{1}{\log_b a}$

③ $a^{\log_a b}=b$, 양변에 $\log_a$를 취한다.

$\Leftrightarrow \log_a(a^{\log_a b})=\log_a b$ ([I]법칙 적용)

$\Leftrightarrow \log_a b \cdot \log_a a=\log_a b$ ($\log_a a=1$)

$\Leftrightarrow \log_a b=\log_a b$

$\therefore\ a^{\log_a b}=b$

④ $a^{\log_c b}=b^{\log_c a}$ 양변에 $\log_c$를 취한다.

$\Leftrightarrow \log_c(a^{\log_c b})=\log_c(b^{\log_c a})$ ([I]법칙 적용)

$\Leftrightarrow \log_c b \cdot \log_c a=\log_c a \cdot \log_c b$

$\therefore\ a^{\log_c b}=b^{\log_c a}$

234

$x^{\log x}=x$의 근을 구하시오. (단, log는 상용로그)

풀이 $x^{\log x}=x$, 양변에 log를 취한다.

$\Leftrightarrow \log x \cdot \log x = \log x$

$\Leftrightarrow (\log x)^2 - \log x = 0$

$\Leftrightarrow \log x(\log x - 1) = 0$

$\Leftrightarrow \log x = 0$ OR $\log x = 1$

$\Leftrightarrow \log x = \log 10^0$ OR $\log x = \log 10$

$\Leftrightarrow x = 1$ OR $x = 10$

$\therefore\ x=1,\ x=10$

참고 ① $\log_{10}10^0 = \log_{10}1 = 0$

② $\log_{10}10 = 1$

235

$x^{\log x}=\dfrac{1000}{x^2}$의 근을 구하시오. (단, log는 상용로그)

풀이 $x^{\log x}=\dfrac{1000}{x^2}$, 양변에 log를 취한다.

$\Leftrightarrow \log(x^{\log x})=\log\left(\dfrac{1000}{x^2}\right)$

$\Leftrightarrow \log x\cdot\log x=\log 1000-\log x^2$

$\Leftrightarrow (\log x)^2=\log 10^3-2\log x$

$\Leftrightarrow (\log x)^2+2\log x-3=0$

$\Leftrightarrow (\log x+3)(\log x-1)=0$

$\Leftrightarrow \log x=-3$ OR $\log x=1$

$\Leftrightarrow \log x=\log 10^{-3}$ OR $\log x=\log 10$

$\Leftrightarrow x=10^{-3}$ OR $x=10$

$\therefore\ x=10^{-3},\ x=10$

236

$3^x=8$, $24^y=32$일 때, $\frac{3}{x}-\frac{5}{y}$의 값을 구하시오.

풀이 ① $3^x=8$

$\Leftrightarrow 3^x=2^3$

$\Leftrightarrow 3=2^{\frac{3}{x}}$

② $24^y=32$

$\Leftrightarrow 24^y=2^5$

$\Leftrightarrow 24=2^{\frac{5}{y}}$

①÷②를 하면,

$$\frac{3}{24}=\frac{2^{\frac{3}{x}}}{2^{\frac{5}{y}}}$$

$$\Leftrightarrow \frac{1}{8}=2^{\left(\frac{3}{x}-\frac{5}{y}\right)}$$

$$\Leftrightarrow 2^{-3}=2^{\left(\frac{3}{x}-\frac{5}{y}\right)}$$

$$\therefore \frac{3}{x}-\frac{5}{y}=-3$$

237

$53^x=49$, $18179^y=343$일 때,

$\dfrac{2}{x}-\dfrac{3}{y}$의 값을 구하시오.

풀이 ① $53^x=49$

$\Leftrightarrow 53^x=7^2$

$\Leftrightarrow 53=7^{\frac{2}{x}}$

② $18179^y=343$

$\Leftrightarrow 18179^y=7^3$

$\Leftrightarrow 18179=7^{\frac{3}{y}}$

①÷②을 하면,

$$\frac{53}{18179}=\frac{7^{\frac{2}{x}}}{7^{\frac{3}{y}}}$$

$$\Leftrightarrow \frac{1}{343}=7^{\left(\frac{2}{x}-\frac{3}{y}\right)}$$

$$\Leftrightarrow \frac{1}{7^3}=7^{\left(\frac{2}{x}-\frac{3}{y}\right)}$$

$$\Leftrightarrow 7^{-3}=7^{\left(\frac{2}{x}-\frac{3}{y}\right)}$$

$$\therefore\ \frac{2}{x}-\frac{3}{y}=-3$$

238

$a^x=b^y=c^z$, $\frac{1}{x}+\frac{1}{y}=\frac{1}{z}$이면 ab=c임을 증명하시오.

(단, $x\neq0$, $y\neq0$, $z\neq0$)

풀이 $a^x=b^y=c^z=k$라 놓으면,

$a=k^{\frac{1}{x}}$, $b=k^{\frac{1}{y}}$, $c=k^{\frac{1}{z}}$

여기서 a×b를 하면 $\frac{1}{x}+\frac{1}{y}$의 형식을 얻게 된다.

$a\times b=k^{\frac{1}{x}}\times k^{\frac{1}{y}}=k^{\left(\frac{1}{x}+\frac{1}{y}\right)}$

이때 $\frac{1}{x}+\frac{1}{y}=\frac{1}{z}$이므로

$a\times b=k^{\frac{1}{z}}$

이 식은 c와 같으므로

$a\times b=c$

$\therefore$ ab=c

239

$\sqrt{2}$, $\sqrt[3]{3}$, $\sqrt[5]{5}$를 크기순으로 나타내시오.

풀이 ① $\sqrt{2}$와 $\sqrt[3]{3}$의 비교

$\sqrt{2} \square \sqrt[3]{3}$, 양변 제곱

$\Leftrightarrow 2 \square \sqrt[3]{9}$, 양변 세제곱

$\Leftrightarrow 8 < 9$

$\therefore \sqrt{2} < \sqrt[3]{3}$

② $\sqrt{2}$와 $\sqrt[5]{5}$의 비교

$\sqrt{2} \square \sqrt[5]{5}$, 양변 제곱

$\Leftrightarrow 2 \square \sqrt[5]{25}$, 양변 5제곱

$\Leftrightarrow 32 > 25$

$\therefore \sqrt[5]{5} < \sqrt{2}$

이상으로 ①과 ②에 의해서

$\therefore \sqrt[5]{5} < \sqrt{2} < \sqrt[3]{3}$

참고 $(\sqrt[a]{3})^b = \sqrt[a]{3^b}$

240

$\sqrt[3]{7}$, $\sqrt[4]{11}$, $\sqrt[5]{13}$을 크기순으로 나타내시오.

풀이 세 수에 상용로그를 취하여 푼다.

① $\log\sqrt[3]{7}=\frac{1}{3}\log7=\frac{1}{3}\times0.84509=0.28169$

② $\log\sqrt[4]{11}=\frac{1}{4}\log11=\frac{1}{4}\times1.04139=0.26034$

③ $\log\sqrt[5]{13}=\frac{1}{5}\log13=\frac{1}{5}\times1.11394=0.22278$

이상으로 ①, ②, ③에 의해서

$$\log\sqrt[5]{13}<\log\sqrt[4]{11}<\log\sqrt[3]{7}$$

$$\Leftrightarrow\sqrt[5]{13}<\sqrt[4]{11}<\sqrt[3]{7}$$

$$\therefore\ \sqrt[5]{13}<\sqrt[4]{11}<\sqrt[3]{7}$$

241

11^{20}은 어느 정도 크기의 수인지 알아보시오.
(단, $\log 11 = 1.04139$)

풀이 $11^{20} = x$라 놓고, 양변에 상용로그를 취한다.

$\Leftrightarrow 20\log 11 = \log x$

$\Leftrightarrow 20 \times 1.04139 = \log x$

$\Leftrightarrow 20.8278 = \log x$

$\Leftrightarrow 20 + 0.8278 = \log x$

$\Leftrightarrow \log 10^{20} + \log 6.726 = \log x$

$\Leftrightarrow \log(10^{20} \times 6.726) = \log x$

$\Leftrightarrow x = 6.726 \times 10^{20}$

$\therefore$ 11^{20}은 21자리의 수이다.

참고 $\log x = 0.8278$

$\Leftrightarrow \log x = \log 10^{0.8278}$

$\Leftrightarrow x = 10^{0.8278} \fallingdotseq 6.726$

제 18 장

수열

수열

❖ 일정한 규칙에 의해 수들을 차례로 배열한 것을 수열이라 한다. 수열은 크게 항의 개수가 유한한 유한수열과 항의 개수가 무한한 무한수열로 나눌 수 있다.

등차수열

❖ 첫째항이 a이고, 공차가 d인 등차수열의 일반항 a_n은

$a_n = a + (n-1)d$ (단, n은 자연수)

❖ 수열 a_n이 등차수열이 될 조건은

$a_n - a_{n-1} = d$ (일정)

❖ 등차수열의 합

$S_n = \frac{1}{2}n(a + l)$ (단, a는 첫째항, l은 제 n항)

조화수열

❖ 각 항의 역수가 등차수열을 이룰 때, 그 수열을 조화수열이라 한다.

즉 a, b, c가 조화수열을 이루면 $\frac{1}{a}, \frac{1}{b}, \frac{1}{c}$은 등차수열을 이룬다.

등비수열

❖ 첫째항이 a이고, 공비가 r인 등비수열의 일반항 a_n은

$a_n = ar^{n-1}$

❖ 수열 a_n이 등비수열이 될 조건은

$\frac{a_n}{a_{n-1}} = r$ (일정)

❖ 등비수열의 합

$$S_n = \frac{a(1-r^n)}{1-r} \text{ (단, } r \neq 1)$$

$$S_n = na \text{ (단, } r = 1)$$

수열 a_n의 합을 나타내는 표기법

❖ $a_1 + a_2 + \cdots + a_n = \sum_{k=1}^{n} a_k$

또는

$a_1 + a_2 + \cdots + a_n = S_n$

242

제21항이 50이고, 제101항이 210인 등차수열의 일반항을 구하시오.

풀이 등차수열의 일반항 $a_n = a+(n-1)d$를 이용한다.

제21항이 50이므로 $a+20d=50$

제101항이 210이므로 $a+100d=210$

이 두 식을 연립하면

$a=10,\ d=2$

따라서 일반항은

$$a_n = 10+(n-1)2 = 2n+8$$

$\therefore\ a_n = 2n+8$

243

0과 100 사이의 자연수 중 7의 배수의 총합을 구하시오.

풀이 7의 배수는 등차수열을 이루므로 0과 100 사이의 7의 배수는
7, 14, 21, ···, 98

여기서 첫째항은 7이며, 끝항은 98이다. 그리고

항수는 $\left(\frac{98}{7}-\frac{7}{7}\right)+1=14$이다.

따라서 등차수열의 합 공식을 이용하면

$$S_n=\frac{1}{2}(\text{항수})\cdot(\text{첫째항}+\text{끝항})$$

$$=\frac{1}{2}\cdot 14(7+98)=7\cdot 105$$

$$=735$$

$\therefore\ S_n=735$

244

조화수열 42, 12, 7, …의 일반항을 구하시오.

풀이 조화수열이란 각 항의 역수가 등차수열을 이루는 수열을 뜻한다.

조화수열의 각 항의 역수 $\frac{1}{42}, \frac{1}{12}, \frac{1}{7}, \cdots$은 등차수열을 이루므로

첫째항은 $\frac{1}{42}$, 공차는 $\frac{1}{12}-\frac{1}{42}=\frac{5}{84}$

따라서 일반항은

$$a_n = \text{첫째항} + (n-1)(\text{공차})$$
$$= \frac{1}{42} + (n-1)\left(\frac{5}{84}\right)$$
$$= \frac{5n-3}{84}$$

그런데 이 일반항은 등차수열의 일반항이므로, 이것의 역수가 조화수열의 일반항이 된다.

$$\therefore a_n = \frac{84}{5n-3}$$

245

등비수열 7, −14, 28, −56,…의 일반항을 구하시오.

풀이 첫째항은 7이고, 공비는 $\frac{-14}{7}=-2$이므로

등비수열의 일반항은

$a_n = ar^{n-1} = 7(-2)^{n-1}$

$\therefore\ a_n = 7(-2)^{n-1}$

246

3^7의 약수의 총합을 구하시오.

풀이 3^7의 약수는 $1, 3, 3^2, 3^3, \cdots, 3^7$이므로 총합은 $1+3+3^2+3^3+\cdots+3^7$이다.

등비수열의 합 공식에 의해

$$S_n=\frac{1(1-3^8)}{1-3}$$

$$=\frac{3^8-1}{2}$$

$$=\frac{6560}{2}$$

$$=3280$$

$$\therefore\ S_n=3280$$

참고 $S_n=a+ar+ar^2+ar^3+\cdots+ar^{n-1}$

$$=\frac{a(1-r^n)}{1-r}$$

247

x, y, z가 등차수열을 이룰 때,
$x^2+y^2=z^2$을 만족하는 정수 x, y, z를 구하시오.

풀이 x, y, z가 등차수열을 이루므로

$x=a$, $y=a+d$, $z=a+2d$라 놓으면

$$x^2+y^2=z^2$$
$$\Leftrightarrow a^2+(a+d)^2=(a+2d)^2$$
$$\Leftrightarrow a^2+a^2+2ad+d^2=a^2+4ad+4d^2$$
$$\Leftrightarrow a^2-2ad-3d^2=0$$
$$\Leftrightarrow (a+d)(a-3d)=0$$
$$\Leftrightarrow a=-d,\ a=3d$$

① $a=-d$일 때,

$x=-d$, $y=0$, $z=d$

$$(-d)^2+0^2=d^2$$
$$\Leftrightarrow d^2+0^2=d^2$$

② $a=3d$일 때,

$x=3d$, $y=4d$, $z=5d$

$$(3d)^2+(4d)^2=(5d)^2$$
$$\Leftrightarrow 3^2+4^2=5^2$$

이상으로 ①과 ②에 의해

$\therefore\ x=-d,\ y=0,\ z=d$ 또는 $x=3d,\ y=4d,\ z=5d$

248

x, y, z가 등비수열을 이룰 때,
$x^2+y^2=z^2$을 만족하는 정수 x, y, z가 없음을 증명하시오.

풀이 x, y, z가 등비수열을 이루므로

$x=a, y=ar, z=ar^2$이라 놓으면(단, $a \neq 0, r \neq 0$)

$x^2+y^2=z^2$

$\Leftrightarrow a^2+(ar)^2=(ar^2)^2$, 양변을 a^2으로 나눈다.

$\Leftrightarrow 1+r^2=r^4$

① r이 짝수이면,

좌변은 홀수이고, 우변은 짝수이다.

따라서 좌변과 우변은 같지 않으므로 해가 없다.

② r이 홀수이면,

좌변은 짝수이고, 우변은 홀수이다.

따라서 좌변과 우변은 같지 않으므로 해가 없다.

이상으로 ①과 ②에 의해

$\therefore$ 정수해가 없다.

참고 자연수의 성질

① 짝수+짝수=짝수

② 짝수+홀수=홀수

③ 홀수+홀수=짝수

249

1, 5, 12, 22, 35, 51, 70, …로 이루어진 수열이 5각수를 나타낸다고 할 때, 이 수열을 이용하여 5각수 공식을 구하시오.

풀이 $a_n = 1, 5, 12, 22, 35, \cdots$

$b_n = \ 4, \ 7, \ 10, \ 13 \cdots$ (단, b_n은 a_n의 계차수열)

$$\begin{cases} b_n = a_{n+1} - a_n \ (\text{단, } n \geq 1) \\ b_n = 4 + (n-1)3 = 3n+1 \end{cases}$$

따라서 $a_{n+1} - a_n = 3n+1$

이 식을 차례로 변끼리 더하면

$$\begin{array}{rl} & a_2 - a_1 = 3 \cdot 1 + 1 \\ & a_3 - a_2 = 3 \cdot 2 + 1 \\ & a_4 - a_3 = 3 \cdot 3 + 1 \\ & \quad \vdots \\ +) & a_n - a_{n-1} = 3(n-1) + 1 \\ \hline & a_n - a_1 = 3\{1+2+3+\cdots+(n-1)\} + (n-1) \end{array}$$

$$\Leftrightarrow a_n - 1 = 3 \cdot \frac{n(n-1)}{2} + n - 1$$

$$\Leftrightarrow a_n = \frac{3n^2 - 3n}{2} + n$$

$$\Leftrightarrow a_n = \frac{n(3n-1)}{2}$$

$$\therefore \ a_n = \frac{n(3n-1)}{2}$$

참고 n각수의 r번째의 수를 P^n_r이라 놓으면 일반항은 다음과 같다.

$$P^n_r = r\left\{1 + \frac{(r-1)(n-2)}{2}\right\}$$

250

$f(x)=\sqrt{x}+\sqrt{x+1}$일 때,

$\frac{1}{f(1)}+\frac{1}{f(2)}+\cdots+\frac{1}{f(n)}$의 값을 구하시오.

풀이 $\frac{1}{f(x)}=\frac{1}{\sqrt{x}+\sqrt{x+1}}=\frac{\sqrt{x}-\sqrt{x+1}}{(\sqrt{x}+\sqrt{x+1})(\sqrt{x}-\sqrt{x+1})}$

$=\frac{\sqrt{x}-\sqrt{x+1}}{-1}=-\sqrt{x}+\sqrt{x+1}$

따라서 $\frac{1}{f(1)}+\frac{1}{f(2)}+\cdots+\frac{1}{f(n)}$

$\Leftrightarrow(-\sqrt{1}+\sqrt{2})+(-\sqrt{2}+\sqrt{3})+(-\sqrt{3}+\sqrt{4})$

$+\cdots+(-\sqrt{n}+\sqrt{n+1})$

$\Leftrightarrow -1+\sqrt{n+1}$

$\therefore\ -1+\sqrt{n+1}$

251

$0.\dot{7}$을 분수로 바꾸시오.

풀이 ① $0.\dot{7}=0.777\cdots$이므로

$$\begin{array}{r} x=0.777\cdots \\ -)\ 10x=7.777\cdots \\ \hline -9x=-7 \end{array}$$

$\therefore\ x=\frac{7}{9}$

② $0.\dot{7}=0.7+0.07+0.007+\cdots$

$=\frac{7}{10}+\frac{7}{100}+\frac{7}{1000}+\cdots$

$=\dfrac{\frac{7}{10}}{1-\frac{1}{10}}$

$=\frac{7}{9}$

$\therefore\ x=\frac{7}{9}$

참고 ① $0.\dot{a}_1a_2\cdots\dot{a}_n=\dfrac{a_1a_2\cdots a_n}{\underbrace{99\cdots9}_{n\text{개}}}$

$$0.\beta_1\beta_2\cdots\beta_m\dot{\alpha}_1\alpha_2\cdots\dot{\alpha}_n=\frac{\beta_1\beta_2\cdots\beta_m\alpha_1\alpha_2\cdots\alpha_n-\beta_1\beta_2\cdots\beta_m}{\underbrace{99\cdots9}_{n\text{개}}\ \underbrace{00\cdots0}_{m\text{개}}}$$

② 무한등비급수

$$a+ar+ar^2+\cdots=\frac{a}{1-r}\ (\text{단, } |r|<1)$$

252

$\sqrt{6-\sqrt{6-\sqrt{6-\sqrt{6\cdots}}}}$ 의 값을 구하시오.

풀이 $\sqrt{6-\sqrt{6-\sqrt{6-\sqrt{6\cdots}}}}=x$라 놓으면

$\Leftrightarrow \sqrt{6-x}=x$

$\Leftrightarrow 6-x=x^2$

$\Leftrightarrow x^2+x-6=0$

$\Leftrightarrow (x-2)(x+3)=0$

$\Leftrightarrow x=2,\ x\neq-3(x>0)$

$\therefore x=2$

참고 $\sqrt{6-\sqrt{6-\sqrt{6-\sqrt{6\cdots}}}}=x$라 놓고 양변 제곱한다.

$\Leftrightarrow 6-\sqrt{6-\sqrt{6-\sqrt{6\cdots}}}=x^2$

$\Leftrightarrow 6-x=x^2$

$\Leftrightarrow x^2+x-6=0$

$\Leftrightarrow x=2,\ x\neq-3(x>0)$

$\therefore\ x=2$

253

$$2-\cfrac{1}{2-\cfrac{1}{2-\cfrac{1}{2-\cfrac{1}{\cdots}}}}$$ 의 값을 구하시오.

풀이 $2-\cfrac{1}{2-\cfrac{1}{2-\cfrac{1}{2-\cdots}}}$ 를 x라 놓으면

$\Leftrightarrow 2-\dfrac{1}{x}=x$

$\Leftrightarrow x^2-2x+1=0$

$\Leftrightarrow (x-1)^2=0$

$\Leftrightarrow x=1$

254

$1^2+2^2+\cdots+n^2$을 간단히 하시오.

풀이 3차 전개식을 이용한다.

$(k+1)^3=k^3+3k(k+1)+1=k^3+3k^2+3k+1$

$\Leftrightarrow (k+1)^3-k^3=3k^2+3k+1$

$k=1$이면 $2^3-1^3=3\times 1^2+3\times 1+1$

$k=2$이면 $3^3-2^3=3\times 2^2+3\times 2+1$

$k=3$이면 $4^3-3^3=3\times 3^2+3\times 3+1$

$\vdots \qquad \vdots$

$+)$ $k=n$이면 $(n+1)^3-n^3=3\times n^2+3\times n+1$

$$(n+1)^3-1^3=3(1^2+2^2+\cdots+n^2)+3(1+2+\cdots+n)+1\times n$$

$$\Leftrightarrow n^3+3n^2+3n=3(1^2+2^2+\cdots n^2)+3\cdot\frac{n(n+1)}{2}+n$$

$$\Leftrightarrow 3(1^2+2^2+\cdots+n^2)=n^3+3n^2+3n-\frac{3}{2}n(n+1)-n$$

$$=n^3+3n^2+2n-\frac{3n^2}{2}-\frac{3n}{2}$$

$$=n^3+\frac{3}{2}n^2+\frac{n}{2}$$

$$=\frac{1}{2}n(2n^2+3n+1)$$

$$=\frac{1}{2}n(2n+1)(n+1)$$

$$\therefore\ 1^2+2^2+\cdots+n^2=\frac{1}{6}n(n+1)(2n+1)$$

255

$\frac{1}{1}+\frac{1}{1+2}+\frac{1}{1+2+3}+\cdots+\frac{1}{1+2+3+\cdots+n}$을 간단히 하시오.

풀이 수열의 n번째 항 $a_n=\frac{1}{1+2+3+\cdots+n}$이다.

$$a_n=\frac{1}{1+2+\cdots+n}=\frac{1}{\frac{n(n+1)}{2}}=\frac{2}{n(n+1)}=2\left(\frac{1}{n}-\frac{1}{n+1}\right)$$

따라서 $a_1+a_2+\cdots+a_n$

$$\Leftrightarrow 2\left(\frac{1}{1}-\frac{1}{2}\right)+2\left(\frac{1}{2}-\frac{1}{3}\right)+\cdots+2\left(\frac{1}{n}-\frac{1}{n+1}\right)$$

$$\Leftrightarrow 2-\frac{2}{n+1}$$

$$\Leftrightarrow \frac{2n}{n+1}$$

$$\therefore\ \frac{2n}{n+1}$$

256

$1+a+a^2+a^3+\cdots$의 합을 구하시오.

풀이 $1+a+a^2+a^3+\cdots=x$라 놓으면

$\Leftrightarrow 1+a(1+a+a^2+\cdots)=x$

$\Leftrightarrow 1+ax=x$

$\Leftrightarrow 1=(1-a)x$

$\Leftrightarrow x=\dfrac{1}{1-a}$

$\therefore x=\dfrac{1}{1-a}$

257

다음식에서 x가 $\frac{1}{2}$일 때, 좌변과 우변의 값을 비교하시오.

$$1+x+2x^2+3x^3+\cdots \fallingdotseq \frac{1}{1-x-x^2}$$

(단, 좌변은 10번째 항까지 계산하시오.)

풀이 ① 먼저 좌변의 10번째 항까지 계산해 보자.

$$1+\frac{1}{2}+2\cdot\frac{1}{4}+3\cdot\frac{1}{8}+4\cdot\frac{1}{16}+5\cdot\frac{1}{32}+6\cdot\frac{1}{64}+7\cdot\frac{1}{128}$$
$$+8\cdot\frac{1}{256}+9\cdot\frac{1}{512}$$

$$\Leftrightarrow 1+\frac{1}{2}+\frac{1}{2}+\frac{3}{8}+\frac{1}{4}+\frac{5}{32}+\frac{3}{32}+\frac{7}{128}+\frac{1}{32}+\frac{9}{512}$$

$$\Leftrightarrow 2+\frac{3}{8}+\frac{1}{4}+\frac{1}{4}+\frac{7}{128}+\frac{1}{32}+\frac{9}{512}$$

$$\Leftrightarrow \frac{19}{8}+\frac{1}{2}+\frac{11}{128}+\frac{9}{512}$$

$$\Leftrightarrow \frac{23}{8}+\frac{11}{128}+\frac{9}{512}$$

$$\Leftrightarrow \frac{1525}{512}=2.97851$$

$\therefore$ 좌변$=2.97851$

② 우변은

$$\frac{1}{1-x-x^2}\left(단,\ x=\frac{1}{2}\right)$$

$$\Leftrightarrow \frac{1}{1-\frac{1}{2}-\frac{1}{4}}=4$$

$\therefore$ 우변$=4$

참고

$$1+x+2x^2+3x^3+\cdots=1+\frac{x}{1-2x+x^2}$$

258

$1+3x+5x^2+7x^3+9x^4+11x^5+13x^6+15x^7=0$을 4개의 항으로 이루어진 방정식으로 바꾸시오.

풀이 주어진 식을 S라 놓으면

$$
\begin{array}{r}
S=1+3x+5x^2+7x^3+\cdots+13x^6+15x^7 \\
-)\ x\cdot S=x+3x^2+5x^3+7x^4+\cdots+13x^7+15x^8 \\
\hline
S-x\cdot S=1+2x+2x^2+\cdots+2x^7-15x^8
\end{array}
$$

$$\Leftrightarrow (1-x)S=-1+2(1+x+x^2+\cdots+x^7)-15x^8$$

$$\Leftrightarrow (1-x)S=-1-15x^8+\frac{2(1-x^8)}{1-x}$$

$$\Leftrightarrow (1-x)S=\frac{(1-x)(1-15x^8)+2(1-x^8)}{1-x}$$

$$\Leftrightarrow (1-x)S=\frac{1+x-17x^8+15x^9}{1-x}$$

$$\Leftrightarrow S=\frac{1+x-17x^8+15x^9}{(1-x)^2}$$

문제에서 방정식은 0이므로 $S=0$, 따라서

$$1+x-17x^8+15x^9=0$$

이 방정식은 항이 4개이다.

$$\therefore\ 1+x-17x^8+15x^9=0$$

259

$x_n = \dfrac{x^2_{n-1}+a}{2x_{n-1}}$로 정의되는 수열은 n이 커질수록

$x_n \fallingdotseq \sqrt{a}$에 근사한다. (단, $x_1 > \sqrt{a}$)

이 수열을 이용하여 $\sqrt{3}$의 값을 x_4항까지 구하시오.

풀이 $x_1=2$라 놓으면,

$$x_2=\frac{x^2_1+3}{2x_1}=\frac{7}{4}=1.75$$

$$x_3=\frac{x^2_2+3}{2x_2}=\frac{1.75^2+3}{2\times1.75}=1.732142857\cdots$$

$$x_4=\frac{x^2_3+3}{2x_3}=\frac{(1.732142857)^2+3}{2\times1.732142857}=1.73205081\cdots$$

$\therefore\ \sqrt{3}\fallingdotseq1.73205081\cdots$

참고 ① 이와 같이 근사값을 구하는 방법을 「뉴턴의 근사법」이라고 한다.

② 실제 $\sqrt{3}$의 값은

$\sqrt{3}\fallingdotseq1.732050808\cdots$

260

$a_0=1$, $a_1=1$, $a_{n+2}=a_{n+1}+a_n\,(n\geqq 0)$로 정의된 수열 [피보너치(Fibonacci)수열]에서 $\dfrac{a_n+1}{a_n}$의 극한값을 구하시오.

힌트 Fibonacci수열

$\cdots$, a_n, a_{n+1}, a_{n+2}, $\cdots$에서

$\dfrac{a_{n+1}}{a_n}$과 $\dfrac{a_{n+2}}{a_{n+1}}$는 n이 커질수록 $\dfrac{a_{n+1}}{a_n}=\dfrac{a_{n+2}}{a_{n+1}}$가 된다.

풀이 Fibonacci수열의 일반항을 a_{n+1}로 나누면

$$a_{n+2}=a_{n+1}+a_n \text{ (단, } n\to\infty)$$

$$\Leftrightarrow \frac{a_{n+2}}{a_{n+1}}=1+\frac{a_n}{a_{n+1}}$$

$$\Leftrightarrow \frac{a_{n+2}}{a_{n+1}}=1+\frac{1}{\left(\dfrac{a_{n+1}}{a_n}\right)}$$

$\dfrac{a_{n+2}}{a_{n+1}}$를 x라 놓으면, 힌트에서 $x=\dfrac{a_{n+2}}{a_{n+1}}\fallingdotseq\dfrac{a_{n+1}}{a_n}$

따라서 x를 대입하면,

$$\Leftrightarrow x=1+\frac{1}{x}$$

$$\Leftrightarrow x^2-x-1=0$$

$$\Leftrightarrow x=\frac{1+\sqrt{5}}{2}$$

참고 $\dfrac{a_n+1}{a_n}$의 극한값인 $\dfrac{1+\sqrt{5}}{2}$는 황금비의 값과 동일하다.

◆ 참고문헌 ◆

김수완, 『스코어링 고난도 수학(일반수학)』, 집현전, 1994
김용국, 『수학의 토픽스』, 전파과학사, 1984
김용운·김용국, 『수학의 흐름』, 전파과학사, 1985
다무라 사브로, 『방정식의 이해와 해법』, 전파과학사, 1987
다카노 가즈오, 『수의 장난감 상자』, 전파과학사, 1982
동아출판사, 『동아학습대백과 산수 Ⅰ, Ⅱ』, 동아출판사, 1983
박을용, 『수학대사전』, 한국사전연구원, 1989
아키야마 히토, 『수학의 증명 방법』, 미래사, 1994
야노 겐타로, 『위대한 수학자들』, 전파과학사, 1989
윤옥경, 『수학 올림피아드 No.3』, 재능교육, 1994
이기동 외, 『필승 고교수학 Ⅰ, Ⅱ-2 문제』, 교학사, 1986
이세용, 『수와 숫자』, 한국생활과학진흥회, 1987
콘스탄스 레이드, 『제로에서 무한으로』, 전파과학사, 1995